伊豆の大地の物語

小山真人

大室山と伊豆高原。およそ 4000 年前の大室山（写真左奥のプリン形の山）の噴火によって流出した溶岩が周囲の地形の凹凸を埋めて伊豆高原をつくりだし、手前の相模湾に流れ下って土地を増やした。海岸に達した溶岩が、まるで指を広げるようにして流れ広がった様子がよくわかる（196 頁参照）

西側上空から見た大室山。溶岩のしぶき（スコリア）が噴水のように空に吹き上り、火口の周囲に降りつもってできたスコリア丘である（190 頁参照）

北西上空から見た一碧湖。およそ 10 万年前に起きた爆発的な噴火によってできた火口（マール）である（126 頁参照）

口絵３上

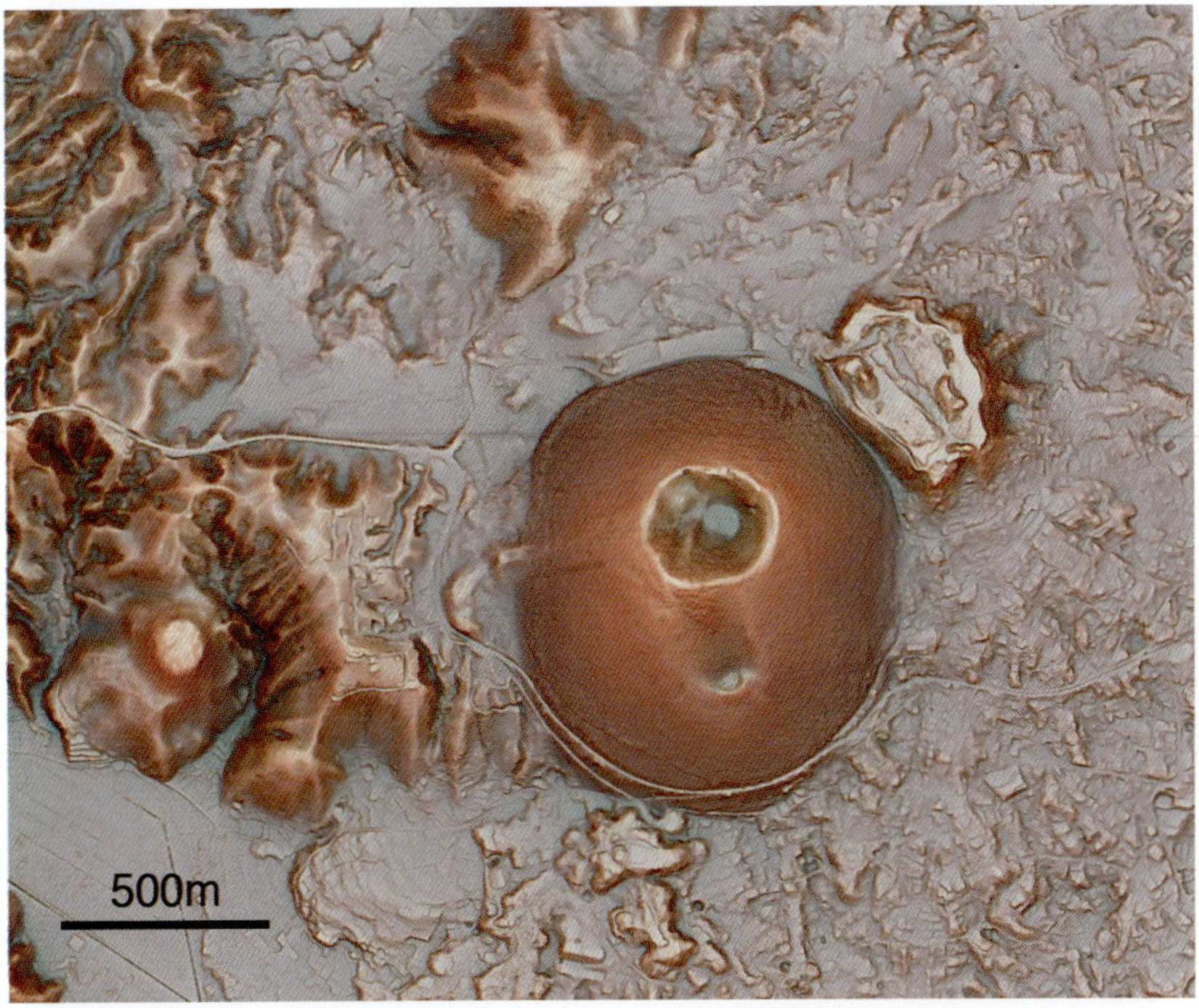

赤色立体地図で見た大室山。円形をした美しい山体と火口の特徴がよくわかる。大室山の北東（右上）に隣接した台地は、溶岩流出口のひとつ岩室山（192頁参照）。国土交通省沼津河川国道事務所提供

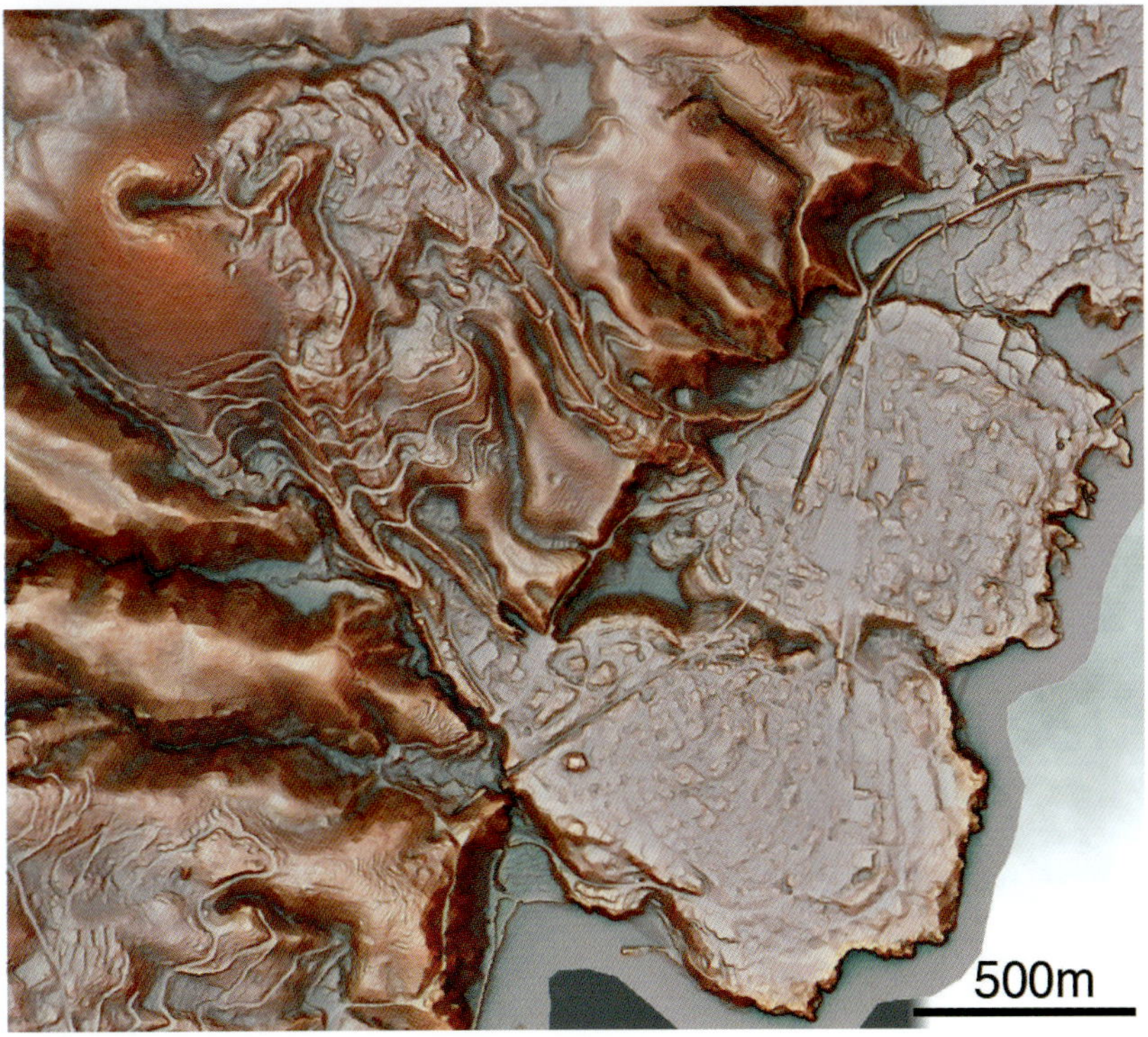

赤色立体地図で見た伊雄山と浮山溶岩台地。およそ２７００年前に北西（左上）にある伊雄山スコリア丘から2筋の溶岩が流れ下り、相模湾に達して海岸に2つの溶岩台地（浮山溶岩台地）をつくった様子がよくわかる（176、216頁参照）。国土交通省沼津河川国道事務所提供

口絵３下

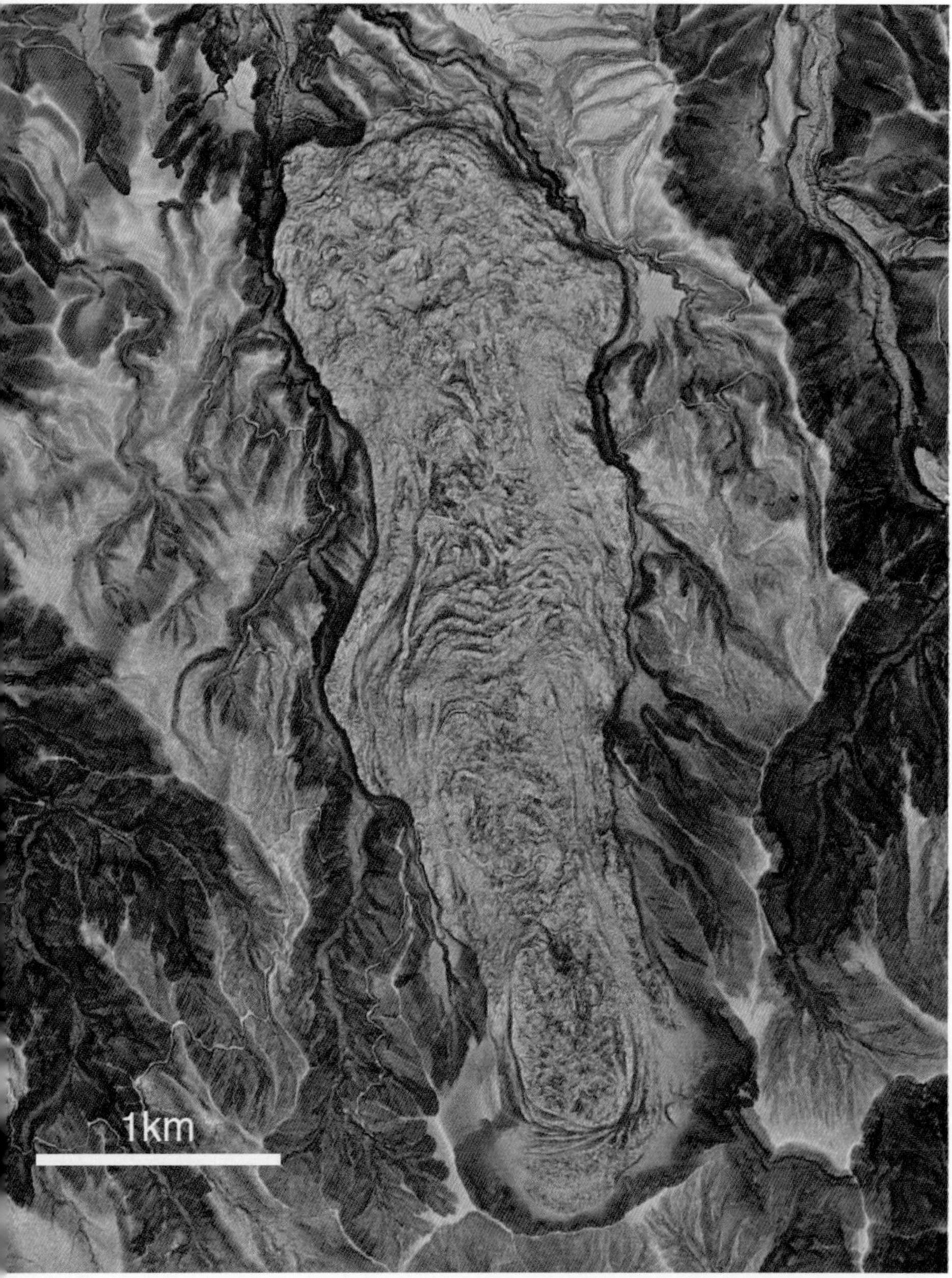

赤色立体地図で見たカワゴ平火山の溶岩流。およそ 3200 年前に天城山の稜線付近で起きた大噴火の末期に、火口（図の最下部）から粘り気の強い溶岩流が北に向かって流れ下った（202 頁参照）。溶岩流の表面には流動にともなってできた「しわ」が多数刻まれている。国土交通省沼津河川国道事務所提供

赤色立体地図で見た鉢窪山と浄蓮の滝。およそ 1 万 7000 年前の噴火によって鉢窪山スコリア丘（図の下部にある丸い丘）がつくられ、そのふもとから湧き出した溶岩流が北に向かって谷間を流れ下った。噴火後、この溶岩流の表面が本谷川によって削られ、浄蓮の滝（図の上部やや左寄りに見える段差）が生まれた（172 頁参照）。国土交通省沼津河川国道事務所提供

海底火山の造形が美しい西伊豆の堂ヶ島海岸。噴火にともなって海底をなだれ下った土石流の地層（崖の右下部）の上に、軽石がゆっくりと降りつもってできた。軽石の層（崖の左上部）には波や海流の作用で、美しい縞模様がつくられた（40～43 頁参照）

海底火山の噴火で流れ出した枕状溶岩。伊豆半島の陸上で見られる最古（約 2000 万年前）の地層である（16 頁参照）

口絵 7 上

縞々の層をなすスコリア層(崖の下部)とそれをおおう爆発角れき岩(崖の上部)。およそ 6 万 6000 年前の大池・小池火山の爆発的噴火によって降りつもった(144 頁参照)

およそ 1 万 9000 年前に噴火した稲取火山(170 頁)の噴出物中に見られる火山弾(写真下部の葉巻状の物体)。火口から吹き上った溶岩が空中を回転するうちに巻かれてできたもの。まるでクロワッサンのような形をしている

口絵 7 下

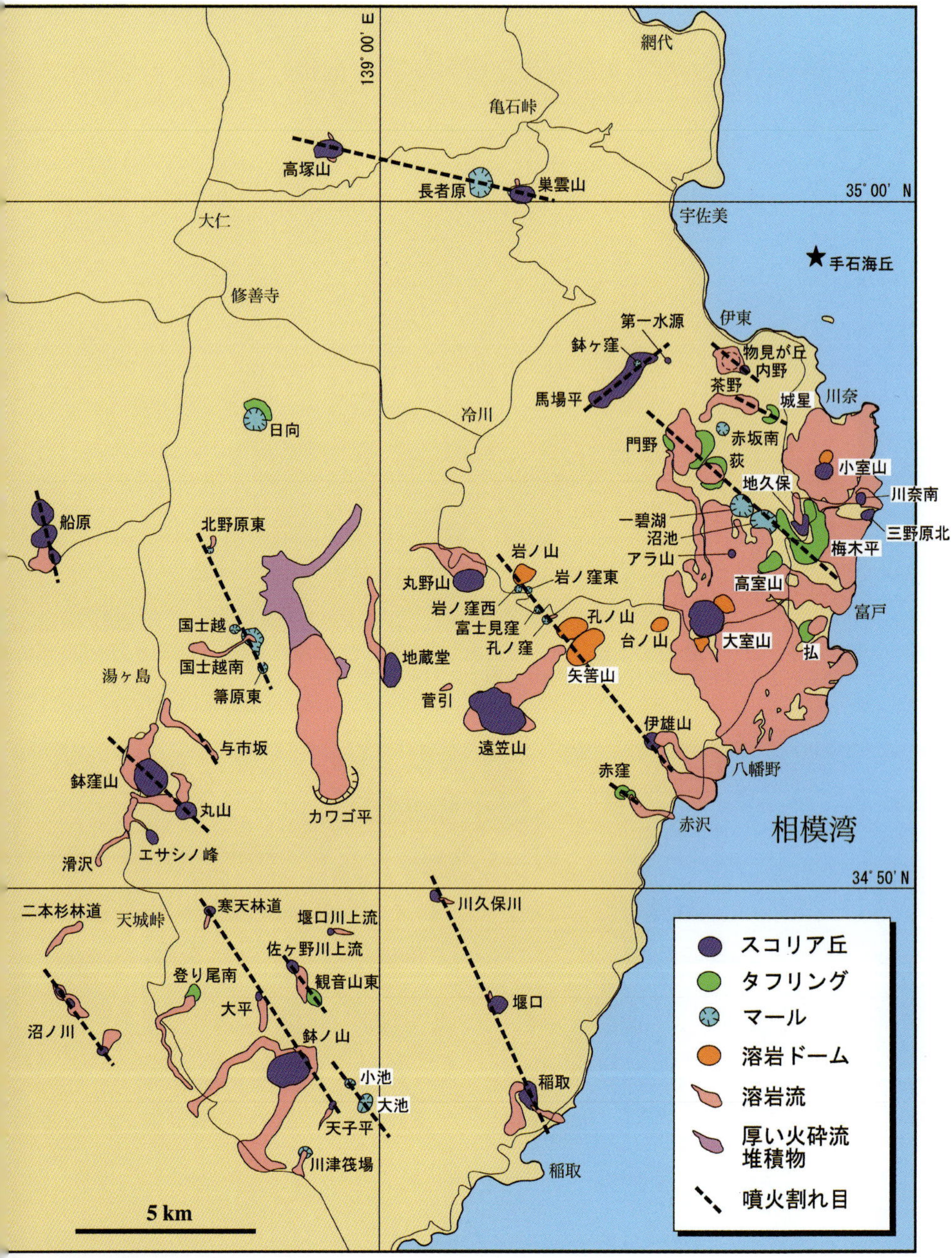

豆東部火山群の分布を示した地図。
山や噴出物の種類ごとに色分けされている。太字は火山名

伊豆の大地の物語

まえがき

本書は、伊豆の土台がはるか南洋の海底噴火の産物として誕生・成長しながら北上を続け、ついには本州に衝突して現在の半島の形になるまでの特異な歴史をつづったものである。また、現在の伊豆とその周辺で進行中の地震・火山活動についても紹介し、それらの将来予測や防災上の問題に触れつつ、大地との共生の方策も論じた。

本書の元となった原稿は、二〇〇七年九月から二〇一〇年三月までの全百三十五回にわたって、筆者が伊豆新聞・伊豆日日新聞・熱海新聞の三紙（一部の紙面を共通とする兄弟紙の関係にある）の日曜版に連載した記事である。単行本とするにあたっては、研究の進展に応じた加筆・修正をほどこすとともに、連載時には紙面の制限によって掲載できなかった写真や図を大幅に加えた。

足かけ二年半にわたる予想外の長期連載に筆者を駆りたてた動機は、ひとえに伊豆に暮らす人々や、そこを訪れる観光客たちに、伊豆の風景や自然の造形のひとつひとつがもつ深い意味や魅力を知ってほしかったからである。筆者が一貫して主張したかったのは、「見慣れた地形・風景には、すべて意味がある」ということである。そして、その意味を自分で読むことができるようになれば、目に映る世界は全く違ったものとなる。本書の中で解説した基礎知識さえあれば、今まで単に美しいと思っていただけの地形・風景に隠された意味や成り立ちが判読できるようになるだろう。それは味わった者だけが知っている、このうえない知的な興奮と快楽である。

そして、地形・風景の判読ができるようになった人間は、伊豆の大地をつくり出したダイナミックな火山活動や地殻変動を、まるで見てきたことのように思い描けるようになる。それは一方で、自然災害に対するその土地固有の危険性を読み解く能力を身に付けたことと等しく、さらには長い目で見れば自然災害が大きな恵みを人間社会にもたらしている事実をも見通せるようになる。つまり、自然のリスク（危険性）とベネフィット（恩恵）をバランスよく理解できるようになるのである。

こうした能力をもつ人々の増加は、社会全体の自然との向き合い方や防災意識の質を根本的に向上させ、災害に強い社会を築くことにつながる。さらには、自然の恩恵の部分を前面に打ち出した新たな観光や地域振興も夢ではなくなるだろう。価値ある地形・地質遺産を保全し、最大限活用していく「ジオパーク」の考え方が、まさにこれにあたる。

本書が伊豆の大地を愛する人々に広く読まれることによって、未来の伊豆で生じる自然災害を最小限にとどめるとともに、知られざる伊豆の自然の価値や素晴らしさが世界に広く知れ渡っていくことを願ってやまない。

二〇一〇年夏

小山真人

伊豆の大地の物語

第四章　海底の手がかり

第五章　陸上大型火山の時代

第六章　伊豆東部火山群の時代［15万〜10万年前］

第七章　伊豆東部火山群の時代［10万〜5万年前］

序章

1. 南から来た伊豆

「伊豆は南国の模型である」、これは伊豆の自然と風土をこよなく愛した作家、川端康成の言葉である（『日本地理大系』第六巻、昭和六年二月）。彼は、本州と特徴の異なる伊豆の風光や植生の特徴を、そう比喩した。しかし、その後八十年を経た現在、彼の言葉が実は比喩ではなく、本当の意味で伊豆の大地のルーツが「南国産」であるという驚異的な事実が明らかになっている。伊豆半島をつくる大地の土台部分は、もとは低緯度地域で作られ、長い時間をかけて現在の場所にたどり着いたのである。

伊豆半島は、地学的にきわめて特異な場所にある。地球の表面はプレートと呼ばれる厚さ数十～百キロメートルの岩板でおおわれている。プレートは大小多数に分かれており、地球内部の対流にともなって、それぞれが異なる方向にゆっくりと移動している。日本付近には四枚のプレートが折り重なっており、伊豆半島はフィリピン海プレートの北端に位置している。フィリピン海プレートは、本州をのせたアムールプレートとオホーツクプレートの下に沈みこみつつある。また、太平洋プレートは、オホーツクプレートとフィリピン海プレートの下に、ゆっくりと沈みこんでいる。

フィリピン海プレートの東端に沿って、伊豆・小笠原弧《こ》という火山島・海底火山列の高まりがある。地球内部へと沈みこんだプレートが地下百キロメートルくらいに達すると、脱水反応がおきて岩石の融点が下がり、マグマが大量に発生する。日本列島や伊豆・小笠原弧では、太平洋プレートの沈みこみによって発生したマグマが地表まで浮き上がってくることによって、多数の火山が誕生・成長してきた。伊豆半島、伊豆七島、鳥島、硫黄島や、その周辺に多数ある火山島や海底火山も、その仲間である。伊豆半

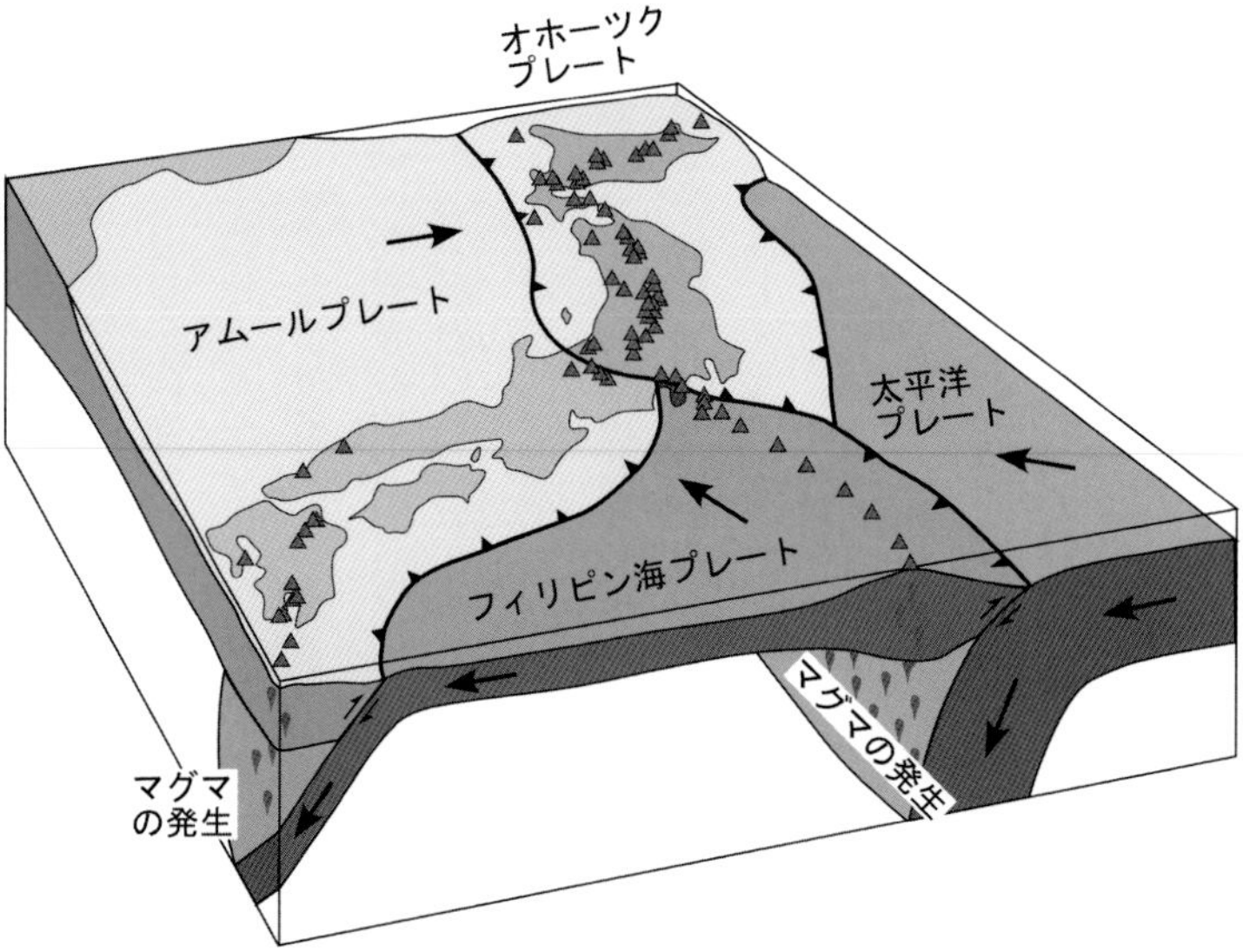

日本列島付近には4枚のプレート（岩板）が複雑に折り重なっている。伊豆半島はフィリピン海プレートの北端に位置している。
▲は活火山

島をつくる大地の大部分は、かつて陸上や海底にあった多数の火山がもたらした噴出物からできている。

伊豆半島をのせたフィリピン海プレートは、本州に対して年間数センチメートルという、ゆっくりとしたスピードで北西に移動している。この速度は微々たるものに思われるが、百万年たてば数十キロメートル移動することになる。一方、伊豆半島の土台がつくられたのは約四千万年前なので、その頃の伊豆は千キロメートル以上も南の、現在で言えば硫黄島ぐらいの場所にあったことになる。

ここまでの説明で明らかなように、伊豆半島全体が、かつては南洋に浮かぶ火山島（一部は海底火山）であった。伊豆が本州に衝突し、半島の形になったのは、六十万年ほど前のできごとである。

2. 伊豆半島のおいたち

四千万年という長い時間におよぶ海底と陸上の火山噴火が、伊豆半島の大地をつくり出した。このうち、約二千万年分の地層が現在の地表に見えており、残り二千万年分は地下に埋もれている。したがって、伊豆半島の山々や海岸の崖で見られる地層をくまなく調べることによって、およそ二千万年前から現在までの歴史をたどることができる。

このような調査の結果、伊豆半島のおいたちは以下の五つの時代に区分されている。

⑴深い海での海底火山活動の時代（二千万～一千万年前）

このころの伊豆は、本州から南に数百キロメートル隔たった海底火山群だった。これらの海底火山から噴出した溶岩や火山れき・火山灰などが当時の海底に積み重なってできた地層は、古い順に仁科層群、湯ヶ島層群と呼ばれている。

⑵浅い海での海底火山活動の時代（一千万～二百万年前）

伊豆全体が浅い海となったため、海面上にその姿をあらわし、火山島になった火山もあった。この時期に噴出した溶岩や火山れき・火山灰などの地層は、白浜層群と呼ばれる。

⑶本州への衝突開始と陸域の出現（二百万～百万年前）

伊豆が本州に衝突して合体しようとしていた時期である。この時初めて伊豆の大部分が陸地となり、以後はすべての火山が陸上で噴火するようになった。この時期以降の堆積物を熱海層群と呼ぶ。

⑷陸上大型火山の時代（百万～二十万年前）

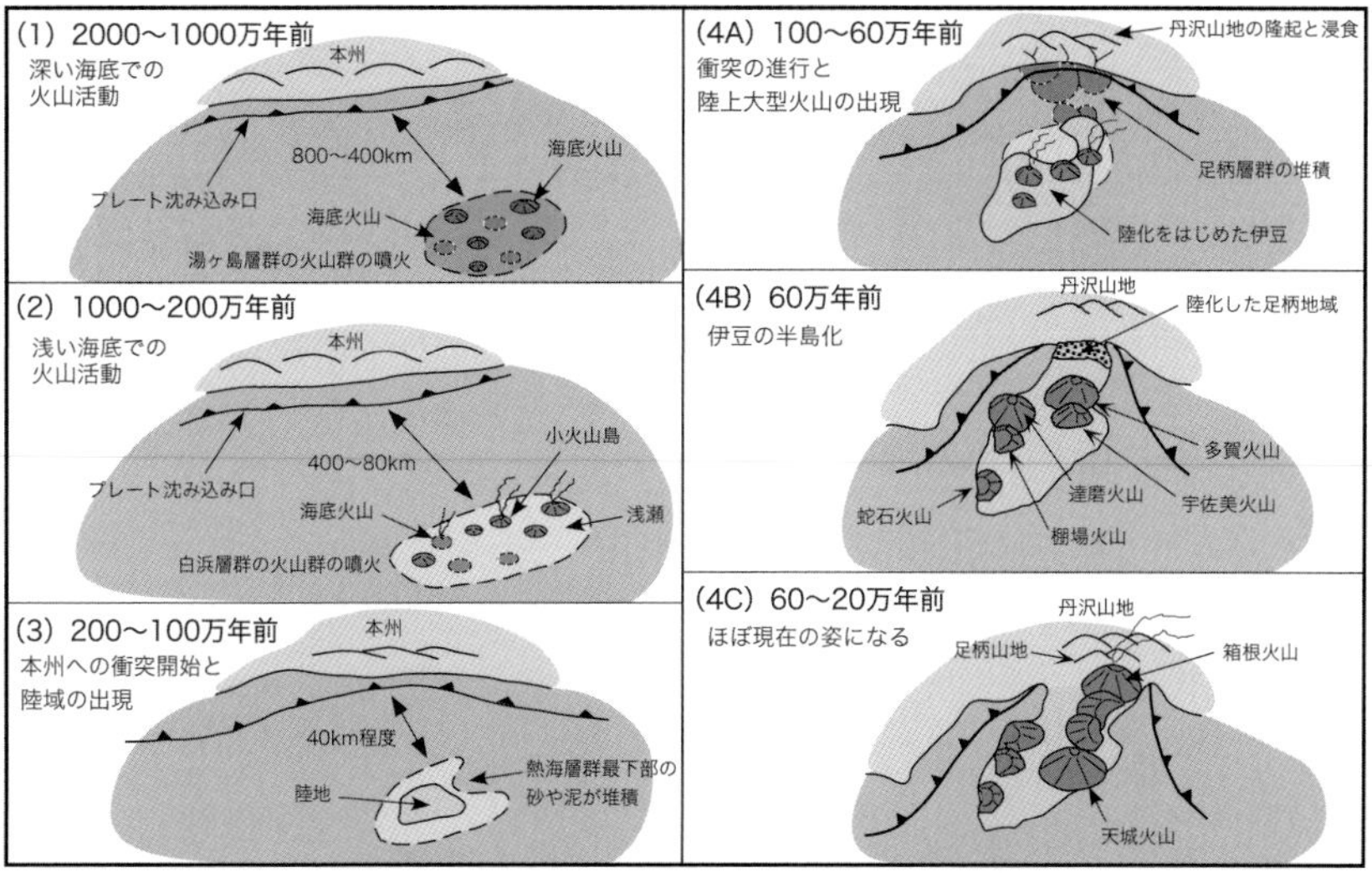

伊豆半島の生い立ち。本文の（1）〜（4）の各時代（4 の時代は 4A 〜 4C に細分）の伊豆とその周辺地域のおおまかな姿をイラストで示した

六十万年前までに伊豆は本州から突き出た半島の形になり、現在見られる伊豆半島の原形ができあがった。陸地となった伊豆半島のあちこちで噴火がおき、天城山や達磨《だるま》山などの大きな火山ができた。

(5)伊豆東部火山群の時代（二十万年前〜現在）

二十万年前ころになると、箱根火山をのぞく他の火山はすべて噴火を停止し、かわりに噴火を始めたのが伊豆東部火山群である。この火山群の最新の噴火は、一九八九年七月に伊東沖で起きた手石海丘《ていしかいきゅう》の海底噴火である。

次節以降、具体的な例を挙げながら、それぞれの時代を詳しく説明していこう。

第一章

仁科・湯ヶ島層群の時代

3. 海底の溶岩流

伊豆半島西海岸の有名な景勝地である堂ヶ島、その二キロメートルほど南の海岸に、仁科川が流れ注いでいる。仁科川は、西伊豆随一と言ってよいほど深く長い峡谷を刻んでいる。河口から川沿いに県道59号線を十キロメートル以上さかのぼって、ようやく西伊豆町で最も海から遠い宮ヶ原の集落に達するが、付近の標高はまだ三〇〇メートル余りに過ぎない。周囲は一、〇〇〇メートル近い険しい山々に囲まれている。そんな仁科川の中流から下流の谷沿いに、伊豆半島でもっとも古い時代の地層である仁科層群が分布している。

仁科層群の大部分を占めるのは、海底噴火によって流れ出した溶岩流や、いったん積み重なった噴出物が崩れて海底の斜面を流れ下った水底土石流《すいていどせきりゅう》の堆積物である。このうち、前者の溶岩流は枕状溶岩《まくらじょうようがん》と呼ばれる特殊な形態をとるものが多い。粘りけの少ない溶岩が海底を流れると、溶岩自身の表面張力や海水による急冷作用によって、あたかも切り離す前のソーセージのような、ところどころにくびれのあるチューブ状の流れとなる。その「ソーセージ」が枕のようにも見えることから、枕状溶岩と呼ばれる。英語の名称も、その名の通りピロー（枕）・ラバ（溶岩）である。

枕状溶岩の例として、世界的にはハワイ島のキラウエア火山沖の海底で現在も時おり流れつつあるものが有名であるが、かつての海底がその後隆起して陸上となった場所でも見ることができる。日本では、静岡県静岡市━焼津市間の大崩《おおくずれ》海岸の枕状溶岩が、その分布の広さや枕の形態の鮮明さで名高いが、他の地域にも数多くの例がある。

仁科層群の枕状溶岩として素人目にも比較的わかりやすいものは、仁科川の河口の北東四キロメートル付近にある西伊豆町一色《いしき》の林道沿いの崖に見られる（口絵6下）。ただし、岩石そのものの年代が約二千万年前と古く、その後の変質や風化作用によって「枕」の形態がぼんやりとしているため、枕状溶岩であると納得してもらうためには目の慣れが必要である。

海底火山の噴火で流れ出した仁科層群の枕状溶岩（西伊豆町一色）。ひとつひとつの「枕」の断面が、ぼんやりとわかる。「枕」は、チューブ状の溶岩が冷え固まったものである。溶岩はこの場所に何度も流れてきたため、たくさんの「枕」が折り重なっている

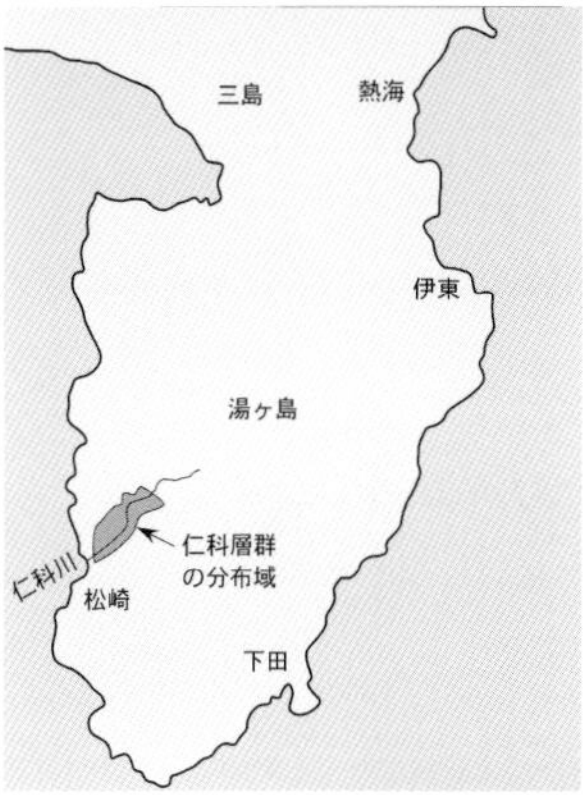

仁科層群の分布する範囲

伊豆以外にある枕状溶岩の例。こちらは焼津市の大崩海岸のもの

4. 海底の土石流

伊豆半島最古の地層である仁科層群は、伊豆の他の多くの地層がそうであるように、かつての海底火山がその後隆起して陸上に姿を現したものである。その証拠として、前節で説明した枕状溶岩のほかに、水底土石流と呼ばれるものがある。

陸上で起きる土石流は、大雨などの際に崩れた土石が水と入り交じって一気に押し寄せる流れである。海底や湖底でも同様の現象発生が知られており、まとめて水底土石流と呼ばれている。陸上で起きた崖崩れや土石流がそのまま海や湖へ流入したり、大地震や火山噴火などによって大量の土石が一気に水中で崩れたりすることが、水底土石流の発生原因と考えられている。

陸上の土石流は、さまざまな大きさの岩・砂・泥などが混然一体となった堆積物を残す。これに対し、水底土石流には水の作用が働くため、重くて大きい岩が先に沈み、軽くて小さい土砂は後から降りつもる。この作用のため、一回の水底土石流でたまった地層を見ると、下の方に大きくて重そうな岩がたくさんあり、上の方に軽そうな土砂が集まっている。このような特徴をもった地層の積み重なりを、仁科川の河口から北東四キロメートルの西伊豆町一色付近から、そのさらに北東六キロメートルの西伊豆町出合《であい》付近までの川沿いや山中に見ることができる。地層中に含まれる岩片の中には、噴出したばかりの熱い溶岩が海水に触れて急冷してできた特徴をもつものもあり、遠い昔に起きた海底火山の噴火を生き生きと思い描くことができる。

水底土石流の地層の最上部には、土石流の停止後にゆっくりと降りつもった薄い泥の層が見られる場合がある。この泥の中から、かつての海中で生息していた微生物（石灰質ナンノプランクトン）の化石が見つかり、その特徴から仁科層群の年代（化石を含む地層が約千七百万年前、さらに下にある古い溶岩がおそらく二千万年前）を確定することができた。

海底火山の噴火でできた水底土石流の地層（西伊豆町出合）。軽くて小さい土砂が主体となっている部分。今はコンクリートにおおわれてしまったが、かつて県道沿いにあったこの崖の中から、伊豆半島最古のプランクトンの化石（1700 万年前）が見つかった

海底火山の噴火でできた水底土石流の地層（西伊豆町出合）。重くて大きい岩が主体となっている部分

5. 奇怪な岩質

仁科層群は、かつての海底火山の一部が陸上に姿を現したものであることを前節までに述べた。同じような海底火山の噴出物は他の時代の地層中にも数多く見られるが、仁科層群の中に含まれる火山岩は、伊豆の他の地層に含まれる火山岩とは異なる特徴をもっている。

まず、仁科層群の火山岩は、ほとんどが無斑晶質《むはんしょうしつ》の玄武岩である点が挙げられる。斑晶とは、火山岩の中に斑点状に含まれる大きめの結晶のことであり、無斑晶質というのは斑晶をほとんど含まないことを言う。たいていの火山岩は斑晶をもつ。もちろん無斑晶質のものもあるが、仁科層群のようにかなりの広さと厚さにわたって無斑晶質というのは異様である。

二つめの肉眼的特徴としては、緑灰色地の岩石表面に、結晶とは異なる濃緑色の小斑点を多数含む点が挙げられる。この斑点は、かつての岩石中に含まれていた気泡のなごりである。マグマが噴出する際には、中に溶け込んでいたガス成分が気化して気泡がたくさんでき、冷え固まった後にそのまま岩石中に残る。新鮮な火山岩中の気泡は空洞であるが、温泉水などによる変質を受けると、気泡の中に変質鉱物がつくられる。仁科層群の場合は下地をなす岩石そのものの変質も進み、岩石全体が緑色を帯びている。そしてその中に、かつての空洞を変質鉱物が埋めた濃緑色の斑点が多数できているのである。あまりに特徴的なので、こうした顔つきの岩石が見られた場合、その起源が仁科層群と判定できるほどである。伊豆では、この岩石が温泉宿の湯船や洗い場の敷石として利用されている例を時おり見かける。

肉眼的な特徴だけでなく、化学組成の上からも仁科層群の火山岩は特異である。岩石の化学組成を調べることによって、その岩石が地球上のどのような場所で作られたものであるかを、ある程度推定できる。仁科層群の火山岩は、他の伊豆半島および日本列島の火山岩よりもマグネシウムなどの成分に富み、通常のプレート沈み込みによって発生したマグマが起源ではないと考えられている。どうやら仁科層群は、日本列島の南に広がる四国海盆《かいぼん》がプレートの拡大によってできた時に、伊豆で起きていた火山活動の一部もその影響を受けたことを物語っているらしい。

伊豆の西海岸に注ぐ仁科川がきざむ谷間

仁科層群によくみられる火山岩。緑灰色の下地に濃緑色の小斑点が多数。西伊豆町仁科

6. 谷すじの地層

伊豆半島のほぼ中央、狩野川上流の谷すじにある名湯、川端康成ゆかりの地としても知られる湯ヶ島温泉。ここは、伊豆市に合併される前の天城湯ヶ島町の中心地でもあった。この湯ヶ島の名を冠した地層として知られるのが、「湯ヶ島層群」である。その年代はおよそ千五百万年～一千万年前。前節まで説明した仁科層群（二千万年～千六百万年前）に次いで、伊豆半島で二番目に古い地層である。

通例と国際規約によって、地層の名前には、その地層が典型的に分布する地域（模式地《もしきち》）の名が付けられることになっている。厳密には「層群」は複数の「地層」をたばねた総称であるが、やはり地名を冠するのが普通である。湯ヶ島層群の分布が広く伊豆半島全体にわたっているため、もっとも代表的な部分が観察できる湯ヶ島付近が選ばれ、その名前が冠されたのである。

湯ヶ島層群の分布図からわかるように、湯ヶ島層群は、おもに伊豆半島の大きな川の谷すじに沿って分布し、標高の高い尾根や山頂付近には分布しない。これは、湯ヶ島層群の上にのる新しい地層（白浜層群と熱海層群）が、標高の高い山地部分を占めているからである。

湯ヶ島層群と同じように谷あいの部分に多く分布するのが、伊豆半島に数多くある温泉である。これらの温泉のほとんどは、いったん地下深くしみこんだ雨水や海水が、地熱の高い部分で暖められて再び地表にわき出したものである。したがって、わざわざ標高の高い場所まで上ってからわき出すよりは、谷あいや海岸近くでわき出る例が多い。もちろん例外はあるが、湯ヶ島層群から温泉がわき出すことが多いと言われるのは、このためである。

温泉水からは、さまざまな鉱物が沈殿する。伊豆半島に数多くあり、かつては盛んに採掘されていた金鉱床も、ひらたく言えば岩石の割れ目に入った温泉水から金を含む鉱物が沈殿したものである。このため、湯ヶ島層群は、金鉱床が多く潜む地層としても有名である。

湯ヶ島温泉付近の川沿いに見られる湯ヶ島層群の地層。伊豆市世古之滝付近

湯ヶ島層群の分布する範囲（灰色で塗られたところ）

7．乱泥流

伊豆半島で二番目に古い地層である湯ヶ島層群のもっとも大きな特徴は、地層の縞の明瞭なものが多い点である。おそらく一般の人にとって、そもそも地層の縞が明瞭なのは当然のことかもしれないが、地質学的な意味での「地層」には、縞（層理《そうり》と呼ばれる）のないものも多数含まれる。地層の縞は、地層をつくる岩石の粒が細かい場合にできやすい。とくに砂粒サイズ以下の岩くずが集まってできた地層には、水の流れの作用などによって明瞭な縞々がつくられることが多い。

湯ヶ島層群には、そうした細かな岩くずが集まってできた地層が多いため、明瞭な縞が見られるのである。これらの岩くずの多くは、あちこちの海底火山から噴出した火山灰である。これらの火山灰は、いったん火山付近の海底に降り積もるが、その後の噴火や地震が引き金となって崩壊し、一団となって海底斜面上をさらなる深みへと流れ下ることがある。このような現象を「乱泥流《らんでいりゅう》」と呼ぶ。有名な映画「日本沈没」（一九七三年）の冒頭には、主人公の乗る深海潜水艇が大きな乱泥流に遭遇するシーンがあるが、まさにあのような現象が海底火山の近くでたびたび発生しているのである。

海底火山のわきに大きめの凹地があれば、そこに向かって何度も乱泥流が流れ下ることになる。乱泥流によってたまった土砂の地層を「タービダイト」と呼び、その土砂の多くが火山灰の場合は「火山灰タービダイト」と呼ばれる。乱泥流が流れる際に、水の作用によって重くて大きい粒は下に沈み、軽くて小さい粒が上に浮き上がってくる。このため一枚のタービダイトをよく観察すると、下から上に向かって粒の大きさが細かくなっていく様子を見てとることができる。湯ヶ島層群の中にある縞の明瞭な地層の多くは火山灰タービダイトであり、たとえば伊豆市加殿《かどの》や松崎町桜田《さくらだ》などの崖や川沿いでよく観察できる。

湯ヶ島層群の火山灰タービダイト。伊豆市日向（ひなた）の狩野川ぞいの崖。地層にたくさんの縞々（層理）が見られる

湯ヶ島層群の火山灰タービダイト。西伊豆町一色（いしき）の東で見られる例

8. 緑色の岩石

湯ヶ島層群をつくる岩石は、地熱や温泉水の影響によって少なからぬ変質を受けたものが多い。そうした変質の結果、岩石中に緑色を帯びた変質鉱物ができるため、岩石全体も緑色を帯びる結果となる。もちろん場所によっては、かなり新鮮な部分もあるし、湯ヶ島層群より新しい白浜層群の地層でも相当な変質を受けている場合があるので、変質の程度だけから湯ヶ島層群に属する岩石かどうかは判断できない。このため、かつてよく言われた「緑色に変質した岩石であれば湯ヶ島層群」という短絡的な判断は誤りである。

そうした点に注意する必要はあるが、ごく大ざっぱに言って湯ヶ島層群には緑色を帯びた岩石が多い。前節で、湯ヶ島層群には乱泥流という海底の土砂の流れによってできた岩石が多いと説明したが、場所によっては溶岩流ばかりからなる部分もある。乱泥流や溶岩流は、地層のできかたによる分類であり、湯ヶ島層群の地層をつくる物質としては火山灰・火山れき・火山岩塊《がんかい》が主体を占めている。また、火山れきの中には、軽石やスコリア（黒色や黒褐色などの暗い色をした軽石）も含まれている。軽石やスコリアの実体は、気泡をたくさん含む火山ガラスである。こうしたさまざまな岩石が、地熱や温泉水による変質を受けて一様に緑色を帯びているのである。おもしろいことに、地質学者たちは変質した岩石のことを「腐った岩石」と仲間うちで呼んでいる。

火山ガラスなどはとくに変質を受けやすいため、元のものとは似ても似つかぬ緑色の変質鉱物の固まりに化けてしまうことがある。そうした場合、緑の斑点を多数ふくむ見かけをした岩石となる。このような岩石のうちで良質のものは「伊豆若草石」などと銘打たれ、古くから石垣や浴槽などの建材として使用されてきたが、最近は吸湿材、脱臭材などとしてみやげ物屋でも販売されている。

変質を受けた湯ヶ島層群の岩石。さまざまな色の岩片が含まれているが、全体としてかすかに緑色を帯びている

伊豆地方の売店でよく見かける「伊豆若草石」

9. 南洋の化石

湯ヶ島層群の中には、まれであるが大量の化石を含む地層がある。もっとも有名な二つが、河津町梨本にある梨本石灰岩と、伊豆市下白岩《しもしらいわ》にある下白岩石灰質砂岩である。

梨本石灰岩も下白岩石灰質砂岩も、あまり変質を受けておらず緑色を帯びていないため、より新しい時代の白浜層群の一部であると誤解する人が専門家の中にも多い。しかしながら、地層全体の分布や構造を調べた結果、両者は湯ヶ島層群に属することが判明している。前節も述べた通り、変質の程度は地層判定の決め手にはならないのである。

梨本石灰岩は、河津七滝《ななだる》ループ橋の近くの河津川の支流である奥原川の南岸の崖によく見えている。かすかに赤みを帯びた白色ないし黄白色の固い岩質をもち、地層の縞も見られる。石灰岩中には貝殻、サンゴ、大型有孔虫《ゆうこうちゅう》などの化石が含まれ、千四百万年前ころのプランクトン化石も発見された。

下白岩石灰質砂岩は、伊豆市を流れる大見川ぞいの丘陵地によく見えている。中伊豆ワイナリー近くの北岸のものが有名だが、南岸の道ぞいや山中にも分布している。石灰質砂岩の名前のとおり、白色をした石灰質の粗い砂の地層であり、もろいために化石を取り出すことが容易である。さまざまな化石を多数含んでおり、とくに直径数ミリの凸レンズ状をした大型有孔虫化石は県指定の天然記念物である。これらの化石は千百万年前ころのものである。

梨本・下白岩の両化石層は、どちらも海底火山の噴出物にはさまれており、くり返す火山活動の合間に、ほんの一時だけ多くの生物が住みつく環境が整ったことを物語っている。どちらの化石層も、日本の他地域の同時代の化石に比べて明らかに南洋性のものを含んでおり、伊豆の大地がかつて南洋にあり、その後プレート運動に乗って日本付近にたどり着いた証拠とみなされている。

伊豆市下白岩にある下白岩石灰質砂岩。地層全体が、その後の地殻変動によって東に 30 度ほど傾いている

河津町梨本にある梨本石灰岩。

10．一千万年前に何が起きた？

地層というものは、ほぼ水平に積み重なっていき、上にある地層ほど時代が新しい。しかし、後の時代の地殻変動によって地層全体が大きく傾いたり、断層によって断ち切られたりすることがある。湯ヶ島層群に属する地層の多くは、断層によって細かく断ち切られた上で、大きく傾いていることが多い。これに対し、湯ヶ島層群の上に重なる白浜層群は、例外的な部分を除いてほぼ水平である。

図に、湯ヶ島層群と白浜層群との間の典型的な関係を示す。これは西伊豆町の山中で見られるものだが、伊豆全体を代表する例と言ってよい。湯ヶ島層群に属する火山灰タービダイトの地層（火山灰が「乱泥流」となって海底を流れてできた地層。24頁参照）が、二〇度から場所によっては八〇度という急な角度で傾いている。その上を削り込んだ形で、白浜層群に属する火山灰まじりの砂岩（凝灰質《ぎょうかいしつ》砂岩）や海底火山の噴出物である火山角礫岩《かくれきがん》がほぼ水平に重なっている。傾いた地層の上を削り込んだ形で、より傾斜のゆるい地層が重なっているわけである。地層同士のこのような関係を不整合《ふせいごう》と呼び、両地層が接する面を不整合面と呼ぶ。

伊豆のどこでも湯ヶ島層群と白浜層群との間に不整合の関係が見られると

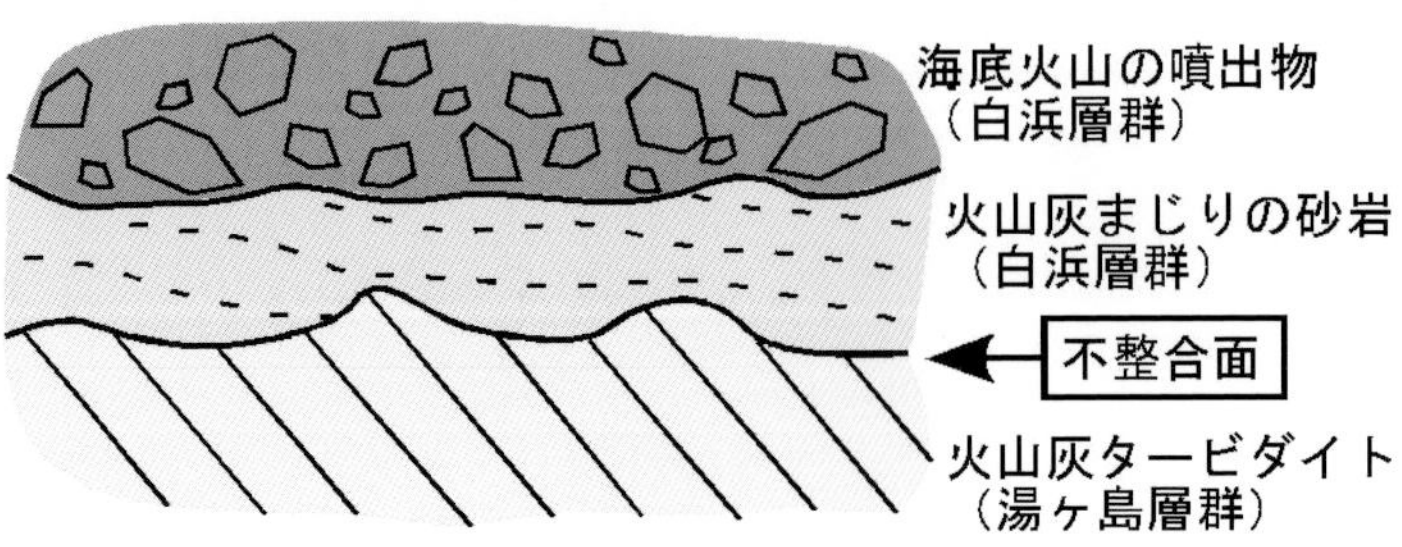

湯ヶ島層群と白浜層群との間にある不整合の例

不整合面の直上にある宝蔵院石灰岩。その上を火山灰まじりの砂岩がおおう。松崎町富貴野(ふきの)

いうことは、湯ヶ島層群がたまってから白浜層群がたまるまでの間に、伊豆全体が大きな地殻変動を受け、湯ヶ島層群が傾いたり断層で断ち切られたりしたことを意味する。年代で言えば、一千万年前ころの出来事である。

この大事件の原因やメカニズムについては不明な点が多いが、伊豆だけではなく、伊豆七島を経て小笠原諸島付近に至るまでの広い地域全体で同じ事件が起きたとする見方もある。一方で、湯ヶ島層群と白浜層群に含まれる火山岩の化学成分を比較すると、湯ヶ島層群のものの方が、より海溝に近い場所で噴出するマグマの性質を備えている。このことは、一千万年前に起きた地殻変動が、伊豆・小笠原海溝と伊豆の間の距離にまで影響を与えるほど大きなものであったことを示唆している。具体的に何が起きたかの謎解きは、将来の研究に託されている。

コラム1

11. 地層の年代はどうやって測る？

専門家が地層の話をする時に「この地層の年代は○○万年前」などと、途方もない年数をあっさりと聞かされることが多い。本書を読み進める読者の方の中にも、そうしたことを疑問に思う人がおられるだろう。人の一生の長さに比べて気が遠くなるほど昔の年代を、いったいどのように測定するのだろうか。

地層の年代を求めるために複数の方法が開発されている。それらは、地層に含まれる岩石の放射年代を求める方法、地層に含まれる化石の種類を調べる方法、地層に記録された地磁気を測定する方法などである。他にも色々な方法があるが、伊豆の地層の年代測定に活躍した、上の三つの方法を説明する。

放射年代測定法は、岩石中に含まれる微量の放射性元素の量と、それが壊れてできる元素の量を調べることによって、岩石ができてから経過した時間を推定する方法である。放射性元素が、その種類に特有の速度で崩壊して別の元素に変わってゆくことを利用した方法である。ただし、この方法が適用できるのは、ある種の火山岩に多く含まれるカリウム等の元素や、植物化石等に含まれる炭素だけであり、元素の種類によって適用できる年代幅も限られている。

　化石を使う方法は、どの生物種がいつ出現していつ絶滅したかを事前に徹底的に調べて年代尺度を作っておくことで可能となる。もちろんその尺度を作るためには放射年代測定法や、他の方法の助けが必要である。年代尺度さえできていれば、あとは決め手になる化石や、化石の組み合せを地層中から見つければよい。ある種の微生物（石灰質ナンノプランクトン、浮遊性有孔虫《ゆうこうちゅう》、放散虫《ほうさんちゅう》など）の化石は年代尺度が完備しており、とても役に立つ。

　現在N極が北を指している地球の磁場は、時おり逆転してS極が北を指していたことが知られており、N極が北を指す状態を正磁極、S極が北を指す状態を逆磁極と呼ぶ。こうした地球磁場の向きは、岩石中の砂鉄粒子の中に記録されており、いつからいつまでが正逆どちらの磁極であったかの年代尺度が組み立てられている。よって、岩石のもつ微弱な磁気を測定することによって、その岩石ができたおおよその年代を知ることができる。

岩石の微弱な磁気を測定する装置。円筒は、現在の地球磁場をしゃ断するための6重の磁気シールド

岩ノ山（212頁参照）の噴出物の中に埋もれた樹木。炭化しているため黒く見える。炭素を用いた放射年代測定が可能

第二章
白浜層群の時代

12. プリオシン海岸

宮沢賢治の童話「銀河鉄道の夜」の中で、主人公のジョバンニと友人のカムパネルラは、銀河鉄道での旅の途中で停車場の近くにある化石の発掘現場に立ち寄る。その場所は宇宙の一角にありながら、なぜか「プリオシン海岸」と呼ばれている。幻想的な一場面であるが、実はプリオシン海岸のイメージをほうふつとさせる場所が伊豆半島にある。下田市の白浜海岸である。

そもそもプリオシン（Pliocene）とは、地質時代のひとつ新第三紀鮮新世《せんしんせい》（約五百万～二百五十万年前の期間）のことである。白浜海岸の海水浴場の北側につづく崖を作る地層は、軽石や火山灰が海にたまってできた凝灰質砂岩《ぎょうかいしつさがん》であり、目を近づけてよく見ると貝殻・サンゴ・ウニなどの化石を多数含んでいる。これらの化石は、鮮新世を生きた生物が残したものである。

化石を大量に含む鮮新世の地層があらわになっている海岸、白浜海岸は、まさに現実の鮮新世（プリオシン）海岸と言ってよいだろう。化石や地層の特徴から、かつてその場所が浅い海であったことがわかる。近くには当時の海岸があったかもしれない。白浜海岸は、鮮新世の海岸と現世の海岸とが、数百万年の時を超えて偶然重なり合った稀有《けう》な場所なのである。

白浜海岸の凝灰質砂岩は、白浜層群の一部に相当する。そもそも「白浜層群」の名は、白浜海岸にちなんで付けられたものである。白浜層群は、本書の中で説明してきた仁科層群・湯ヶ島層群に次いで、伊豆半島で三番目に古い地層であり、とくに半島南部の海岸や山中に広く分布している。その年代は、鮮新世だけでなく、およそ一千万～二百万年前の範囲にわたっている。白浜層群のほとんどは海底火山の噴出物と、そこから削られた土砂が近くの浅い海底にたまってできた地層からなる。

空から見た下田市の白浜海岸。中央の岩場に白浜層群の石灰質砂岩が露出する

白浜海岸の崖に見られる凝灰質砂岩。浅い海に生息していた生物の化石を大量に含んでいる

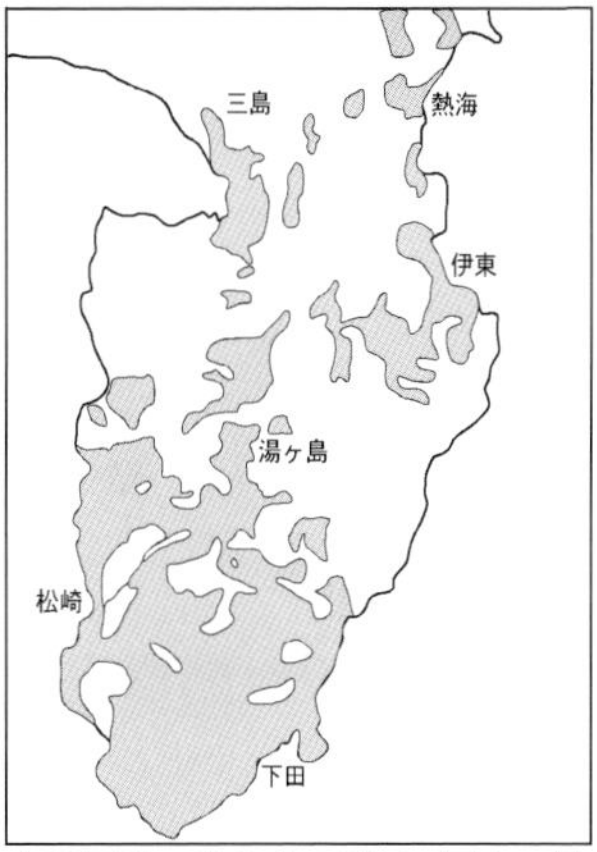

白浜層群の分布する範囲（灰色で塗られたところ）

13. 陸化した海底火山

伊豆半島に広く分布する約一千万~二百万年前の地層である白浜層群は、海底火山の噴出物と、そこから削られた土砂が近くの浅い海底にたまってできた地層であることを前節で述べた。まるで見てきたかのごとく「海底火山の噴出物」と書いたが、実際には海底火山の噴火を直接見た人間はまだいない。潜水艇の数や潜航時間がごく限られた現状では、たとえ海底火山の真上に潜航しても、たまたま噴火と遭遇する確率はきわめて小さいし、本当にそうなったら遭難の危険性が高い。そもそも海底はごく浅い部分を除いて真っ暗闇なので、潜水艇の窓から見えるのはサーチライトが届く数十メートル以内に限られる。噴火でまき上げられた土砂や火山灰などで海水が濁ってしまったら即アウトである。つまり、潜水艇での海底噴火の観察は、現実には困難である。ごく最近、南太平洋のトンガ諸島近くの海底火山の噴火映像がロボットカメラで撮影された例が、おそらく唯一のものであろう。

では、なぜ特定の地層が海底火山の噴出物と判断できるかと言うと、その地層が海底でできた証拠と、できた時に高温であった証拠の二つがセットで見つかるからである。前者については、波や海流がつくる縞模様などの特徴や、海中に住む生物の化石が鍵となる。後者については、海水で急冷された溶岩流や火山弾の存在がもっともわかりやすい。

溶岩流が海底を流れる場合、16頁で説明したように枕状《まくらじょう》溶岩と呼ばれる特徴的な形態をとる場合のほか、水冷破砕《はさい》溶岩という形態をとる場合がある。海底に噴出した熱い溶岩流が冷たい海水に触れて急冷される際に、熱ひずみによってこなごなに砕け、角ばった岩片や岩塊の集合体となることがある。これが水冷破砕溶岩である。海底火山の火口から熱い状態のまま放出された火山弾も、急冷の際の熱ひずみによって特徴的な割れ目ができたり、表面にガラス質の殻がつくられたりすることがある。このような特徴をもつ火山弾を、水冷火山弾と呼ぶ。

白浜層群には、よく探せば至るところで水冷破砕溶岩や水冷火山弾をはじめとする海底噴火の証拠を見つけることができる。かつて海底火山の集まりであった伊豆が、その後陸化したことを実感する一瞬である。

白浜層群に含まれる水冷火山弾の例。ボールペンの下にある岩が水冷火山弾。まわりから急激に熱を奪われることによって放射状の割れ目が入っている。他にもそれらしい岩がいくつか見える。下田市田牛（とうじ）付近

白浜層群に含まれる水冷破砕溶岩の例。同じ岩質をもつ岩がジグソーパズル状に砕かれている。西伊豆町仁科港付近

14．堂ヶ島の地層美（上）　水底土石流

山がちの地形をもつ伊豆半島では、海岸の多くが崖となっている。中には高さ二百メートルを超える崖もある。そうした崖には、たいていの場合、さまざまな地層があらわになっている。もちろん地層は道路や川ぞいの崖でも見られるが、海岸の崖は波浪や風雨で洗われることによって、いつも新鮮な表面が観察できる絶好の場所である。伊豆半島西海岸の有名な景勝地である堂ヶ島海岸（西伊豆町）も、そのような場所のひとつである（口絵6上）。

南北に延々と伸びる伊豆半島西海岸の中で、堂ヶ島海岸を有数の観光地として成り立たせている大きな理由のひとつは、おそらく崖に見られる地層がきわだって美しいためであろう。とくに有名な天窓洞《てんそうどう》付近の白い地層は、白色の軽石が海底にたまってできた軽石凝灰岩《ぎょうかいがん》である。この地層には、まるで砂丘の波紋のような美しい縞が刻まれている。この縞は、斜交層理と呼ばれるもので、波や海流によって岩片が移動・再配列して作られた紋様である。

この斜交層理をもつ地層の下につづく崖に注目してほしい。海面付近から崖の上部に向かって、含まれる岩片や岩塊の大きさが徐々に細かくなっているのがわかる。これは、18頁で説明した水底土石流《すいていどせきりゅう》の特徴である。土石が水と入り交じって一気に押し寄せる流れが土石流であり、海底や湖底で起きる場合は水底土石流と呼ばれる。水底土石流が流れる際には、重くて大きい岩が先に沈み、軽くて小さい土砂は後から降りつもる。このため上部ほど岩の大きさが小さくなる。さらにその上に降り積もった軽石に、波や海流の作用が働いて斜交層理ができたのである。

岩石の磁気測定にもとづく熱履歴《りれき》の分析によって、堂ヶ島の水底土石流の中に含まれる大きな岩塊の内部は、海底にたまった当初は摂氏《せっし》四百五十度から五百度もの高温であった証拠が得られている。これによって、海底火山の噴火が直接もたらした地層であることが証明されている。

空からみた西伊豆町の堂ヶ島から仁科港にかけての海岸

堂ヶ島海岸の崖に見られる水底土石流の地層。含まれる岩片の大きさが、下から上に向かって細かくなっている。最上部には斜交層理をもつ軽石凝灰岩が見えている

15. 堂ヶ島の地層美（下）　水冷火山弾

崖に見られる地層の美しさが売り物の西伊豆堂ヶ島海岸。前節に引き続き、誰もが訪れる天窓洞付近の崖を例にとって、地層の見方を解説しよう。

写真の点線より下の部分が前節で説明した水底土石流の地層であり、点線より上の部分が海底に降り積もった軽石の地層である。どちらも同じ海底火山の一連の噴火でできたと考えられている。点線のやや上にある、矢印をつけた三つの大岩に注目してほしい。右の大岩の前に立っている人の背丈からわかる通り、さしわたしが二メートルを超える巨大なものである。どの大岩も、38頁で説明した水冷火山弾であり、火口から海中に放出された際の急冷による熱ひずみによって特徴的な割れ目ができている。このような巨大な火山弾が、どのようにして火口からこの場所にやって来たかを考えよう。この三つの水冷火山弾を取り巻いているのは、細かな軽石の地層である。このような軽石が一団となって海底を流れたとしても、二メートルを超えるような火山弾を遠方まで運ぶことは物理的に不可能である。火山弾は重くて、流れの底に沈んでしまうからである。よって、この火山弾は、火口からいったん海中に飛び上がり、軽石が降り積もりつつあったこの場所に直接落下したと考えざるを得ない。

前節で述べたことも含めて、この崖に見える地層から読み取られた太古の物語を説明しよう。海底火山の噴火によって噴出した岩塊や岩片が一団となって斜面をなだれ下り、写真の点線より下の部分にあたる水底土石流の地層をつくった。その際、岩塊の内部は熱いままであり、この場所に流れ着いた時も摂氏四百五十度から五百度の高温を保っていた。やがて、火口から放出された軽石や岩片が、いったん海中を漂ってこの場所に降り積もり、点線より上にある地層をつくり始めた頃、矢印をつけた巨大な火山弾がズシンと落下してきた。その後も軽石は降り積もり、やがて海流や波浪の作用によって、積もった軽石の上部に斜交層理が作られた。それが崖の最上部に見られる美しい波紋状の模様であり、今は多くの観光客を呼び寄せているのである。

堂ヶ島海岸の天窓洞付近にある崖。海底火山がつくった美しい地層が見られる。点線と矢印の説明は本文を参照。

崖の中腹にみられる水冷火山弾

16. 白い崖

西伊豆堂ヶ島海岸の崖の上部に見られる白い地層は、海底火山の噴火で放出された白色の軽石が、当時の海底に厚く降り積もってできたことを前節までに述べた。このような軽石の地層からなる白い崖は、堂ヶ島海岸だけでなく、伊豆半島のあちこちに存在する。主なものを挙げると、伊豆市の修善寺温泉・下白岩・冷川《ひえかわ》付近、松崎町の室岩洞《むろいわどう》付近、南伊豆町や下田市の一部、沼津市江浦《えのうら》周辺などである。堂ヶ島海岸以外のものは主に山間部にあるため、あまり目立たない。

そもそも軽石とは何だろうか。軽石の正体は、気泡をたくさん含んだ火山ガラスである。火山ガラスは、噴火の際にマグマが火口付近で急冷されてできるガラス状の岩石である。気泡は、マグマ中に含まれていたガス成分が気化してできた「あぶく」である。

海底火山の噴火の際には、火口から軽石だけでなく、火山弾や岩片、火山灰なども放出されたはずであるが、火山弾は大きくて重いため、火口から遠くへと運ばれる過程で先に落ちたり沈んだりして、他の噴出物と分離してしまう。一方で、火山灰はいつまでも海中を漂うために、海流に乗ってはるか遠方へと流れ去ってしまう。軽石も、文字通り最初は気泡を含んで軽いため、海面に浮いたり、海中を漂ったりする。しかし、徐々に内部に浸水し、やがては岩片とともに海底に沈むことになる。

軽石ばかりが積もっていると思われた白い崖の地層も、よく観察すると細かな岩片が含まれている。大きな軽石と小さな岩片の組み合わせは、実は海底に降り積もった地層の特徴である。これは、大きな軽石が水中を沈下する速度が、小さな岩片のそれとほぼ等しいからである。小さい軽石は、より遠くへと漂って行ってしまう。逆に、大きな岩片は火口の近くで早々と沈んでしまう。結果的に、海底のある場所で見ると、大きな軽石と小さな岩片が共存することになる。軽石と岩片の大きさの比率は海中で大きく陸上で小さいため、この比率に注目することによって、地層のできた場所が海底か陸上かを判断できることがある。

伊豆のあちこちでみられる「白い崖」。その多くは、白い軽石が厚く降り積もってできた地層である。伊豆市向付近(むかい)

伊豆市冷川付近に分布する軽石凝灰岩の地層。海底火山の噴火で放出された軽石が、海底にたまってできた。よく見ると、大きい軽石だけでなく、小さな岩片も含まれている

17. 火山の根

山がちの地形をもつ伊豆半島。その山々の中でも、ひときわ人目を引いてそびえ立つ奇峰や奇岩がいくつかある。伊豆の国市の城山《じょうやま》と葛城山《かつらぎやま》、下田市の下田富士と寝姿山《ねすがたやま》、松崎町雲見の烏帽子山《えぼしやま》などが、その例である。これらの奇峰の多くは、側面が絶壁となった鐘のような形状を備えているが、地形的にさほど明瞭でないものもある。

これらの奇峰・奇岩は、火山の直下で冷え固まったマグマが、後の浸食によって洗い出されたものであり、火山岩頸《がんけい》と呼ばれている。いわば火山の「根」にあたる部分である。その実体は、たいていの場合は堅固な火山岩の一枚岩であり、柱状節理《せつり》などの、冷却にともなう収縮割れ目ができているものも多い。

火山岩頸は、他の火山地形と同様に伊豆や日本に限らず、世界中の火山地域に存在している。たとえば、有名な映画「未知との遭遇《そうぐう》」のクライマックスシーンで、巨大ＵＦＯが空から舞い降りた場所にそびえ立つ奇岩デビルスタワー（アメリカ合衆国、ワイオミング州）も火山岩頸の仲間である。デビルスタワーの側面の崖には、見事な柱状節理が観察できる。

火山岩頸は、地層中に入り込んだマグマが冷え固まってできた貫入《かんにゅう》岩体の一種であり、そびえ立つような地形を残しているものに対する呼び名である。地形的に明瞭でない貫入岩体は伊豆半島の至るところにある。しかし、大型の火山岩頸は、白浜層群の中だけにほぼ限られている。大規模な貫入岩体は、均質な岩石が大量に採取できるために採石場になっている例が多い。沼津市の大久保の鼻、伊豆市の熊坂付近にある採石場などがその例である。

貫入岩体のうち、垂直ないしは急傾斜をなす板状のものを岩脈《がんみゃく》と呼ぶ。岩脈は、地層がつくる縞を横切っているために発見しやすい。海岸の崖に見られる例としては、西伊豆町の黄金崎《こがねざき》や浮島《ふとう》、熱海市網代《あじろ》付近などに、とくに人目を引く岩脈が存在する。数は少ないが、地層にほぼ平行な板状の貫入岩体もあり、シルと呼ばれている。

伊豆の国市を流れる狩野川のほとりにそびえる城山。伊豆半島を代表する火山岩頸のひとつである

「火山の根」の一部によく見られる柱状節理の例。伊豆の国市白鳥山

18. 初めての陸地

伊豆半島に広く分布する約一千万〜二百万年前の地層である白浜層群は、海底火山がつくった地層であることを、前節までに述べた。ところが、そのうち五百万年前以降の比較的新しい部分には、それに当てはまらない地層がわずかながら見られる。火山が陸上で噴火してできた地層である。

海底と違って陸上には空気があるため、火口から出たばかりの熱い噴出物の一部は空気にさらされる。すると熱の影響で空気中の酸素が岩石中の鉄分と結びつき、ヘマタイトと呼ばれる赤褐色の酸化鉄鉱物が生まれる。この鉱物が大量にできることによって、岩石そのものの色が赤みを帯びる結果となる。岩石が文字通り「焼かれて」赤く変色するわけである。このため陸上を流れた溶岩流や、地上に落下した火山弾・火山れきの中で、とくに空気に長時間さらされた部分が赤くなる。

もちろん色の赤さだけが陸上火山の噴出物の特徴ではない。溶岩流は、海底で噴出した時のように水冷作用によって砕かれないために、板状をした一枚岩となるものが多くなる。水冷火山弾や、海流や波浪によってできる地層のしま模様も見られなくなるし、当然のことながら海中で暮らす生物の化石も含まれない。そのかわり、噴火の休止期間にたまる土や「ほこり」の地層がはさまれるようになる。さらには前節で述べたように、火口から同じ距離を隔てた場所に降ってくる軽石と岩片の比率が、海底の場合に比べて小さくなるなど、さまざまな見かけ上の違いが生まれる。

このような陸上火山独特の特徴は、百万年前ころに伊豆全体が陸化した後の地層（熱海層群）に広く見られるものである。しかし、白浜層群の中を注意深く調査すると、このような陸上火山の特徴を備えた地層が、熱海市網代《あじろ》や伊豆市梅木《うめぎ》などの、数ヶ所で見つかった。それらの地層の分布は狭く、スポット的である。

このことは、当時の伊豆が、現在の伊豆七島海域で見られるような環境にあったことを想像させる。つまり、伊豆のほぼ全体が浅い海底にあり、その中に点々と火山島が頭を出していたと考えられる。伊豆における、初めての陸地の登場である。

陸上火山の噴出物とみられる地層の例。火山弾が高温の溶融状態を保ったまま火口付近に落下し、まるで柔らかな餅を地面に落としたようにベチャベチャとつぶれながら積み重なってできた。全体が赤味を帯びている。熱海市網代付近

陸上火山の噴出物とみられる地層の例。伊豆市梅木

伊豆全体が陸化し半島の形になっていく過程を語る次の物語に入る前に、少しだけ自分のことを話しておこう。筆者が伊豆の地質の研究を始めたのは大学の卒業研究の時であり、もう三十年が過ぎてしまった。卒業研究のテーマは、修善寺付近から大見川と冷川の流域を経て伊東市の西部にいたる地域の野外調査をおこない、どんな地層がどんな順に重なり、どんな変形を受けているのかを調べることであった。最初に調査に入ったのは一九七九年の夏、初日に調査したのは伊豆市（当時は中伊豆町）下尾野《しもおの》付近の山中だったと記憶している。

二年間にわたる卒業研究に続き、大学院での五年間も伊豆の地質研究を継続し、一九八六年までにのべ三百五十日間を伊豆の山々の野外調査に費やした。調査地域は伊東市・伊豆市・西伊豆町・松崎町・下田市・河津町にまたがる広い範囲に拡大し、主要な沢や林道など、地層が見える場所はほとんどすべて踏破した。この調査結果に加え、周辺の足柄山地や大磯丘陵での調査結果も総合して、一九八六年に博士論文を完成させた。

19. 地質調査の日々（1）　研究史

コラム2

その後一九八八年に大学教員の職を得た後は、一九八九年の伊東沖海底噴火をきっかけに、それまであまり調査していなかった伊豆東部火山群を対象とした噴火史研究に没頭し、一九九二年と一九九五年の二編の論文でその成果を公表した。以後は、何かの機会があるたびに、おもに伊豆東部火山群の調査を細々と継続している。

こうした調査の際の宿泊先として利用したのは、各地（修善寺、沼津市三津《みと》、伊東、湯ヶ島、中伊豆、松崎）のユースホステル（現在は廃業してしまったものも含む）、東京大学下賀茂寮、いくつかの民宿、知人宅などであった。中でも修善寺ユースホステルには、おそらく二百泊近くしているだろう。ユースホステルの風呂が改装工事のために入れない時期があって、その間は修善寺温泉の川中にある独鈷《とっこ》の湯を毎晩利用しに行ったことなどが、良い思い出となっている。学生時代の調査の交通手段として常に用いたのは、愛車のバイクであった。

学生時代の筆者。バイクで調査地に向かう途中、仁科峠に立ち寄った時のもの

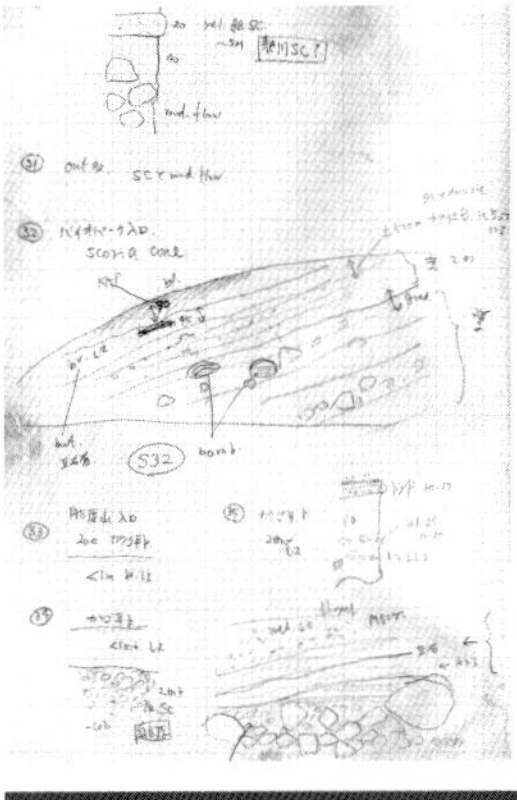

筆者が使用したフィールドノートの一部。野外地質調査に携行し、調査結果を書きつづったもの

20. 地質調査の日々（2）　苦悩の連続

意外に思われるかもしれないが、地質調査は単独でおこなうことが普通である。指導教官に同行してもらったのは、学生時代の全調査日数三百五十日のうち、おそらく十日程度であったろう。それも、ある程度の成果が出てからの確認作業の面が強かった。それまでは、どんなに地質が理解しがたく困っても、自分の力で解決するように命じられた。「野外そのものが教師である」とのお達しであった。もちろん卒業研究を開始する三年生の夏休みまでに、大学の授業として地質調査法の訓練は受けていた。しかし、その対象は観察・理解しやすい砂や泥の地層であったため、火山噴出物ばかりと言ってよい伊豆の地質に対しては、ほとんど役に立たなかった。しかも、それらの噴出物の岩質は多様で、のちの変質や風化によって大きく見かけを変えているものもあり、地層の異同を野外観察だけで判断することが困難であった。そこで、ハンマーを用いて崖から岩をかき取り、持ち帰ってじっくりと観察・比較した。かき取った岩のコレクションは数千個に達した。

そんな作業を、大学の長期休暇を利用してはくり返した。真夏の調査では、熱射病の危険を避けるために膝まで水につかりながら沢を登り下りし、林道ぞいの調査は曇りや雨の日におこなった。沢や尾根には道がないことが普通なので、イバラやアザミのとげに痛い思いをしながら、ヤブやクモの巣をかきわけて移動した。蚊やハチに追い回されることもたびたびあり、ヘビ・ムカデ・ヒル・イノシシ・漆《うるし》の木などの危険も避けなければならなかった。海岸ぞいの調査では、作業服に工事用ヘルメットの姿のまま、にぎわう海水浴場を通過したこともあった。いったい自分は何をしているのかと思った。真冬の沢ぞいの調査では、痛みをともなう冷たさに耐えながら、川の流れに足を踏み入れた。山頂付近では積雪をかきわけたこともあった。幸いに大きなケガはしなかったが、転倒や滑落も経験した。危険をともなう作業であったから、万が一遭難した場合に備えて、必ずその日の調査予定地域を地形図上に書き込んだものを宿に残して出発した。

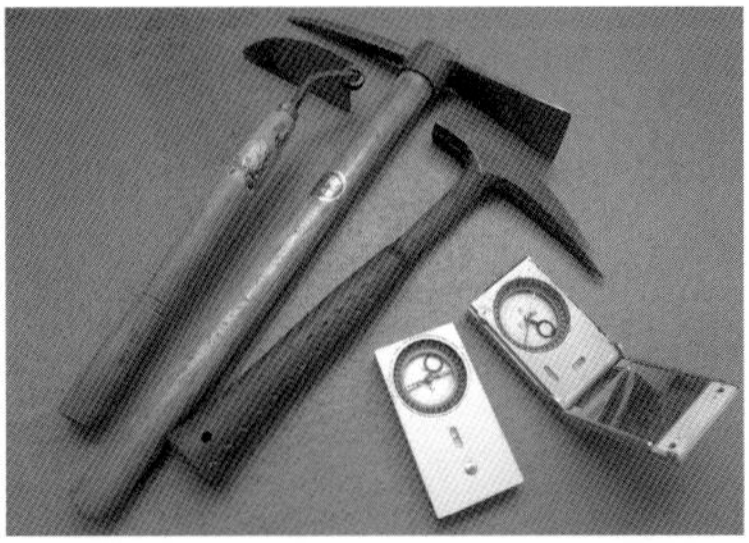

筆者愛用の調査用具。左からねじり鎌、小型つるはし、岩石ハンマー、クリノメータとクリノコンパス（地層面の方位や傾きを測定する道具）

川ぞいの崖を調査中の学生時代の筆者。この場所は、今は伊東市の奥野ダム湖底に没してしまった

21. 地質調査の日々(3)　地質図

地質調査の結果、「地質図」というものができあがる。地質図は、地表に見られる地層の分布を地図上に描いたものである。実際には、地層が見えている部分は川・海岸・道路ぞいの崖にほぼ限られるため、表土・植生や人工物におおわれている部分については、幾何学的に推定した地層の分布が描かれることになる。

地層は、当初はほぼ水平に積み重なっていくため、標高の高い場所ほど新しい地層が見られることになる。しかし、のちの地殻変動や断層運動によって、地層全体が傾いたり、折り曲げられたり、断ち切られたりするために、それに応じた複雑な分布をとるようになる。地質調査は、そのパズル解きの作業でもある。

できあがった地質図は、地層ごとに彩色され、見るからに美しいものとなる。彩色のルールは国際的に定められていて、岩質や年代によって決まった系統の色を用いなければならない。結果として中間色を多数用いることになり、それゆえ色彩的な美しさを増すわけである。地質図には、読者の理解を助けるために、地質図上のいくつかの線に沿う地下断面を描いた「地質断面図」と、どんな地層がどう重なっているかを一目で分かるようにした「模式《もしき》柱状図」が付されている。もちろん各地層の詳しい説明をのせた解説書も付けられる。

地質図は、資源開発と密接な関係があるために、たいていの先進国では国家事業として作成・整備されている。日本でも産業技術総合研究所（旧通商産業省工業技術院地質調査所）によって全国の地質図が作成され続けており、誰でも購入可能である。ただし、販売元が限られており、書店に流通していないため、一般市民の目に触れる機会があまりない。アートとして壁に飾ってもおかしくないほどの見た目の美しさを考えれば、残念なことである。

もちろん研究者個人が、さまざまな研究目的をもって描く地質図もある。筆者が作成したものも、そうしたもののひとつである。カラー印刷のコストが高いためにカラー版が公表できていなかったが、伊豆東部火山群の一部については「火山がつくった伊東の風景」を二〇〇九年に刊行できた。

筆者の手書きによる伊豆半島の模式柱状図の例（中伊豆地域）

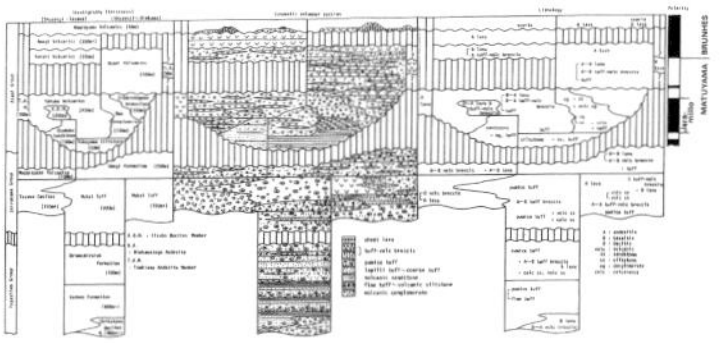

筆者の手書きによる伊豆半島の地質図の例（松崎地域の一部）

第三章
半島への道

22．閉じた海峡（上）　足柄層群

本書の第1節で、「伊豆半島全体が、かつては南洋に浮かぶ火山島（一部は海底火山）であった。伊豆が本州に衝突し、半島の形になったのは、六十万年ほど前のできごとである」と述べた。つまり、六十万年前より古い時代の伊豆は、本州の南方沖にあり、現在のような半島の形をしていなかった。伊豆と本州の間には駿河湾と相模湾をつなぐ海峡があったのである。そして、その海峡が、伊豆と本州の接近・衝突によって、六十万年前に文字通り「閉じた」のである。

海があれば、その海底には周囲の陸地から土砂が流れこみ、地層がつくられる。プレート運動による陸地同士の衝突によって海が閉じれば、そのような地層は陸上にせり上がって、今もどこかに存在するはずである。該当しそうな地層が、現在の伊豆半島周辺のどこかにあるだろうか？

伊豆半島の付け根に箱根山がある。箱根山は、六十万年ほど前に噴火を始め、現在も活発な地熱活動を続けている活火山である。その箱根山の北側をぐるりと取りまく形で、酒匂《さかわ》川が流れている。酒匂川に沿って、JR御殿場線、国道246号線、東名高速道路などの主要な交通路が通過している。酒匂川は、御殿場付近の富士山ろくに源を発し、箱根山の北側にある足柄山地に深い峡谷をきざんだ後に、足柄平野に出て小田原の東で相模湾に注いでいる。

足柄山地には、砂利・砂・泥などが積み重なった地層（足柄層群）が広く分布することが、以前より知られていた。その厚さは膨大なもので、単純に地層の厚さを足し合わせれば五千メートルを超える。しかも、当初ほぼ水平にたまったはずの地層が、地殻変動による激しい変形を受けている。なぜこのような変な地層がここにあるのか、当初は誰も答を知らなかった。

しかし、足柄層群こそが、かつて本州と伊豆の間にあった海峡にたまった地層であり、伊豆と本州の衝突によって海峡が閉じた時に激しい変形を受けたと考えれば、うまく説明がつく。そのことを証明するための様々な調査・研究が開始されたのは、一九八〇年代の初め頃であった。

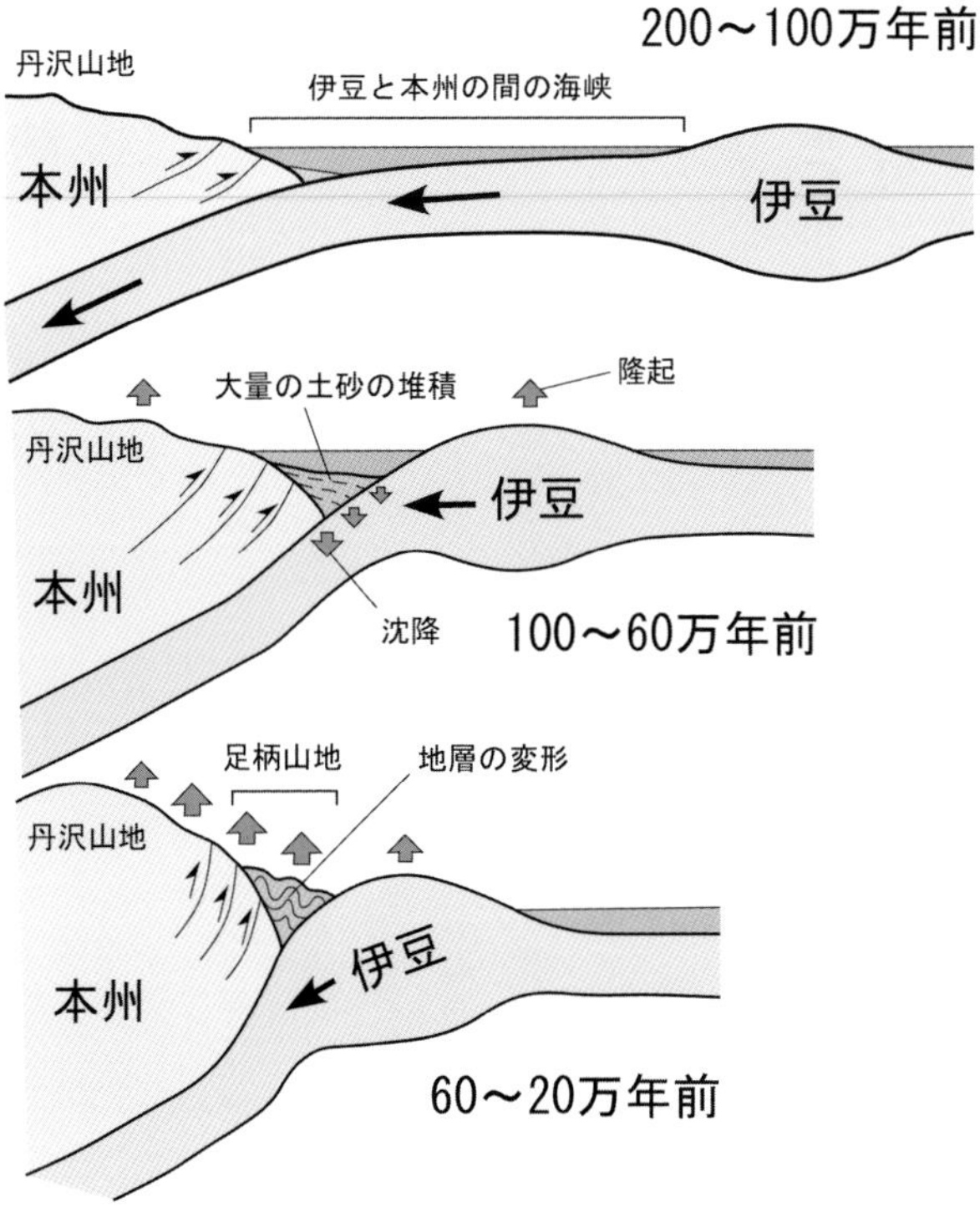

伊豆と本州の衝突過程を描いた図（13頁の図も参照）

23. 閉じた海峡（下） 埋め立てと隆起

箱根山の北にある足柄山地に広く分布する地層（足柄層群）は、かつて本州と伊豆の間にあった海峡を埋めた土砂が、その後の地殻変動で変形・隆起したものと考えられている。

当初、足柄層群の年代は、その堅く引きしまった岩質から、少なくとも数百万年前と考えられていた。もしこの年代が正しければ、伊豆と本州の衝突開始時期である約百万年前よりずっと古いため、衝突の直前にあった海峡を埋めた地層とは考えにくい。この問題が解決したのは、一九八〇年代なかばのことである。この頃は、筆者自身の博士論文も含め、伊豆と本州の衝突プロセスを明らかにするための様々な研究が一気に進行した時期にあたる。

まず、地層中に含まれるプランクトン化石の種類、ならびに岩石の磁気測定結果から、足柄層群の年代が、予想よりはるかに新しい二百万～七十万年前頃であることがわかった。これによって、足柄層群が、まさに伊豆と本州が衝突した時期にたまった地層であることが確かめられた。

次に注目すべきは、足柄層群がたまった場所の水深の推定結果である。海洋微生物には海中を漂って生活するもの（プランクトン）と、海底に住みついて生活するものの二種類がいる。このうちの後者は、海底の水深によって生息する種が異なる。よって、どんな化石種が含まれるかを調べることにより、その場所の当時の水深が推定できるのである。

この方法によって、足柄層群のたまった場所の水深が、二百万年前頃が二、〇〇〇～一、〇〇〇メートル、百万年前頃が四〇〇～一〇〇メートルと推定できた。つまり、足柄地域は二百万年前の深海から始まり、その後急速に土砂によって埋め立てられ、陸地となった後も隆起を続けたことが明らかとなった。現在の足柄山地は標高一、〇〇〇メートル級の山地なので、二百万年前からの隆起量は三千メートルに及ぶ。

このような急激な海の埋め立てと隆起は、伊豆と本州の間にあった海峡が埋め立てられて陸地となり、その後も伊豆と本州の衝突によって圧縮されて山地になったとすれば、うまく説明できる。

足柄層群に属する分厚い砂利の地層。当初は水平にたまったはずの地層が、後の地殻変動によって、ほとんど垂直に立っている。ＪＲ御殿場線の駿河小山駅付近の山中

伊豆と本州の衝突現場のひとつである静岡県小山町の「神縄断層」。本州側の地層と伊豆側の地層が断層を隔てて接している

24. 最後の海

プレート運動による伊豆と本州との衝突が始まり、両者の間にあった海峡が足柄層群によって埋め立てられつつあった百万年前頃、伊豆でも珍しい事件が起きていた。それは、ごく普通の泥・砂・玉砂利《たまじゃり》からなる地層がたまる現象である。

こうした地層を、ありふれたものと考えてはいけない。伊豆半島をつくる地層のほとんどは、陸上や海底で火山が噴火してできた噴出物であり、ごく普通の土砂からなる地層を見つけることは大変困難である。これは、伊豆が長い間、本州から遠く隔たった海底火山（一部は小さな火山島）であった事情による。こうした土砂は、雨水や風化によって陸地が削られてできる岩の粒子である。それらの粒子が川を流れ、近くの海にたまって地層となる。つまり、泥・砂・玉砂利の地層があるということは、近くに大きな陸地があったことを意味する。玉砂利は、地質学的には円れきと呼ばれ、川を運ばれるうちに摩《ま》耗《もう》して丸くなった小石である。

伊豆半島中北部のごく限られた場所、すなわち伊豆市の大野、城《じょう》、梅木《うめぎ》、筏場《いかだば》などの山中に、こうした土砂がたまってできた地層が存在する。このうち、城と梅木にある泥の地層（横山シルト岩）に含まれる海洋微生物の化石を調べた結果、約百二十万年前のものであり、水深二〇〇～六〇〇メートルの海底に生息していた種であることがわかった。この横山シルト岩の上には、大野れき岩と呼ばれる玉砂利の地層が重なっている。大野れき岩は、河口の近くの海底にできた扇状地の地層と考えられる。つまり、伊豆の一部にやや深い海（入り江）ができた後、すぐに泥や玉砂利での地層で埋め立てられたことがわかる。この推移は、同時期に足柄地域がたどった歴史（深海の急激な埋め立てと陸化）と似ており、やはり伊豆と本州の衝突に関連づけられるものである。

こうした土砂の地層が局部的にたまった以降、伊豆には海に起源をもつ地層がまったく見られなくなり、すべてが陸上火山の噴出物となる。つまり、百万年前頃に伊豆の「最後の海」が消滅し、伊豆全域の陸化が完了したのである。

筏場砂岩の地層。100万年前頃、ここにあった海にたまった砂である。伊豆市筏場付近

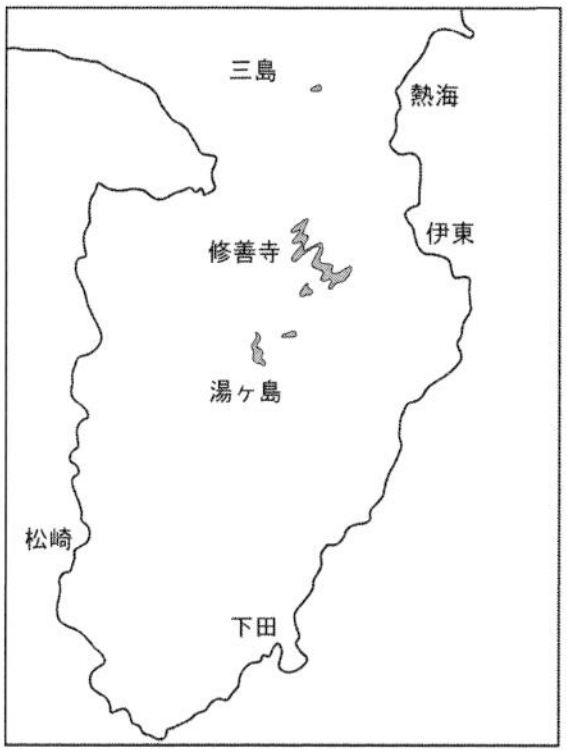

100万年前頃にたまった泥・砂・玉砂利の地層（熱海層群下部）の分布（図中の灰色部分）

横山シルト岩の地層。伊豆市八幡付近

25. めりこんだ伊豆

伊豆と本州の衝突の結果、両者の間にあった海峡は急激な埋め立てと隆起を受けた後に、地層が垂直に立つほどの変形を受けた。こうした上下方向の変化は、その痕跡が地層の特徴や構造に残りやすいため、通常の地質学の方法で容易に調べられる。ところが、水平方向への大きな移動や、地域全体の回転運動については、特殊な方法を使わない限り、その存在を知ることすら困難である。72頁でも説明する、緯度変化をともなう大規模な水平移動（プレート運動による伊豆の北上）が、その一例である。

一方、伊豆と本州の衝突にともなって、伊豆やその周辺地域が大規模な回転運動をこうむった可能性も十分ある。その検出のために有効な手段が、本書で何度も説明してきた岩石の微弱な磁気を測定する方法である。

地球磁場の磁力線の方位がどれくらい上下に傾いているかを示す角度を「伏角《ふっかく》」と呼び地理上の北の方角からどれくらい東西にぶれているかを示す角度を「偏角《へんかく》」と呼ぶ。地層や岩石ができた当時の地球磁場の向きと強さは、微弱な磁気として地層・岩石中に記録される。よって、逆にそれらの微弱な磁気を測定することで、その偏角の情報から、地層・岩石の形成後にその場所がどのくらい回転したかを推定できる。

この手法で伊豆とその周辺地域を調べた結果、伊豆に関しては少なくとも五百万年前以降は、ごく一部の地域を除いて、大きな回転運動は起きていないことがわかった。ところが、伊豆半島をとりまく地域では驚くべき回転運動が起きていた。伊豆の北東側（大磯丘陵、丹沢山地、三浦半島）では右回り、伊豆の北西側（蒲原丘陵）では左回りの、場所によって五〇度以上におよぶ大きな回転運動が検出されたのである。しかも、その回転が起きた時期は、伊豆と本州の衝突が起きた直後とわかった。これによって、伊豆が本州に衝突した後に、本州に「めりこむ」ことによって周囲の地域を押しのけて回転させたことが判明したのである。

空から見た大磯丘陵。この丘陵の土台は、伊豆の衝突と「めりこみ」によって時計回りに50度ほど回転した

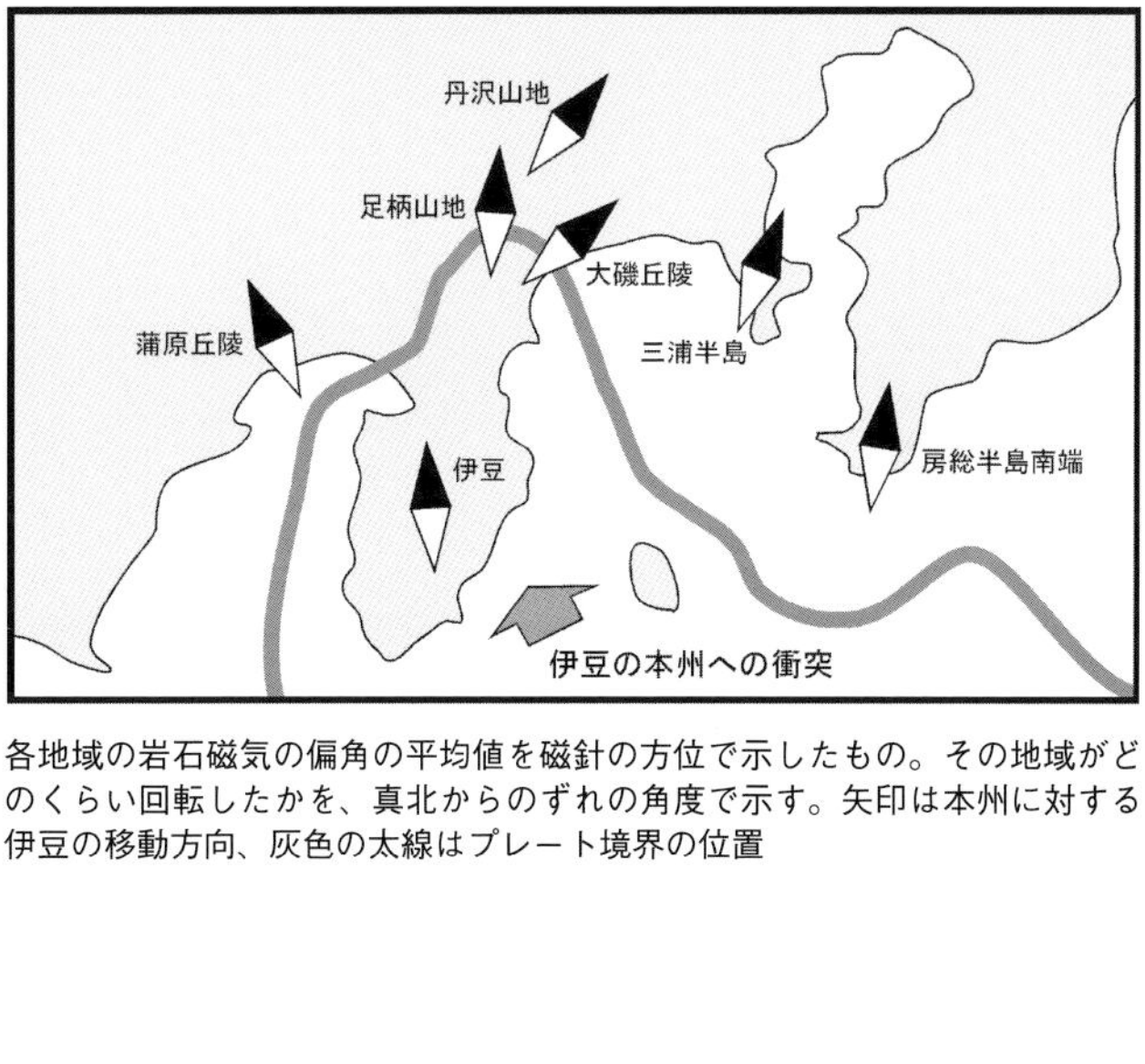

各地域の岩石磁気の偏角の平均値を磁針の方位で示したもの。その地域がどのくらい回転したかを、真北からのずれの角度で示す。矢印は本州に対する伊豆の移動方向、灰色の太線はプレート境界の位置

第四章
海底の手がかり

26. 伊豆近海の海底を掘る（1） 深海掘削船

ある地域の大地の歴史を読み解くためには、その場所の地質を調査するだけでは不十分な場合が多い。周辺地域の地質も調べ、結果を比較することによって理解を深める過程が必要である。伊豆の地質調査が一段落していた筆者のもとに、その絶好の機会が舞い込んだのは、一九八九年のことであった。深海掘削船《くっさくせん》ジョイデス・レゾリューション号の乗船研究者のひとりとして、伊豆七島近海の調査に参加しないかという誘いである。

深海掘削船とは、海底に千メートルを超える穴を掘り、掘りぬいた地層・岩石のすべてを船上に引き上げて、あらゆる調査・分析をおこなう能力を持った船である。ジョイデス・レゾリューション号（排水量一万八千トン）は、一九八五年から二〇〇三年までに世界中の海底に千七百九十七本（総計三十二万メートル）の穴を掘り、多大な研究成果を残した。

船の中心には高さ六十一メートルのやぐらが立てられており、そこから鋼鉄製のパイプ（長さ二十八メートル）を一本ずつ継ぎ足しながら海底に下ろし、それを船上の強力なモーターで回転させて海底を掘り進めていく。パイプの総延長が長いから、水深数千メートルの海底を掘ることもできる。もちろんパイプの先には堅い岩石を掘るための歯（ビット）が取り付けられている。掘り方の原理は陸上の温泉ボーリングなどと同じだが、規模がずっと大きい。

ひとつの穴を掘り終えるまで長くて数十日間が必要なため、その間に船が流されたりするとパイプが折れてしまう。そのため、船の周囲に合計十二機のスラスターと呼ばれる特殊なスクリューが取り付けられており、海が荒れてもコンピュータ制御によって船の位置を保つことが可能となっている。

ジョイデス・レゾリューション号は米国の国際深海掘削計画本部が管理・運営しており、一回の航海につき二十数名という乗船研究者枠の競争率は高かった。筆者もかねてより乗船を希望していたが、そのチャンスがようやく巡ってきたのが一九八九年の第一二六次航海であった。この航海は、私にとって幸運なことに、伊豆七島近海、ひいては伊豆半島から小笠原諸島に至るまでの地域の起源や歴史をさぐるための調査航海であった。

深海掘削船ジョイデス・レゾリューション号の勇姿。伊豆七島近海にて

深海掘削船ジョイデス・レゾリューション号の甲板上での記念撮影。一緒に乗り込んだ日本人研究者たちと。背後に見えるのは、船の中央にある掘削用のやぐら

27. 伊豆近海の海底を掘る（2） 国際共同研究

深海掘削船ジョイデス・レゾリューション号第一二六次航海による伊豆七島近海の調査は、一九八九年四月中旬から六月にかけての二ヶ月間にわたった。その間の下船や寄航はなく、私を含む日本人研究者五名のほか、さまざまな国籍と研究分野をもつ合計二十六名の研究者が乗り込んだ合宿とも言うべきものであった。もちろん、船の上の生活から調査地点ごとの報告書作成まで、すべてが英語づけの日々である。

航海中のジョイデス・レゾリューション号は二十四時間休みなく稼働しており、乗船研究者を含むすべての乗組員は十二時間交代の勤務体制をとった。つまり、次々と海底から引き上げられる地層・岩石を自分の役割に従って分析し、その成果を十二時間ごとに同じ仕事を担当する相棒に引き継ぐのである。筆者の役割は、岩石のもつ微弱な磁気測定であり、相棒は米国から来た研究者だった。他にも、地層そのものの組織や構造を調べる研究者、地層に含まれる化石を調べる研究者、地層や岩石の化学分析をおこなう研究者、地層や岩石の物理的性質を測る研究者などがいた。32頁で説明したように、岩石の磁気測定は地層の年代を知るための重要な手がかりを与えるため、筆者を含む二人の岩石磁気研究者の責任は重大であった。

二ヶ月もの航海の間にはさまざまなトラブルや苦労もあったが、青ヶ島から鳥島にいたる近海での十九掘削孔（採取した地層の厚さ総計は二、一二二メートル）の調査が無事に終わり、伊豆とその周辺地域の大地の成り立ちを考える上での大きな成果が得られた。その重要部分を次節で説明しよう。

ちなみにジョイデス・レゾリューション号は国際深海掘削計画に使用された二代目の船である（現在も現役で活躍中）。三代目の深海掘削船「ちきゅう」（排水量五万七千トン）は日本が建造し、試験航海を終えた後に二〇〇七年九月から最初の調査航海を紀伊半島沖で開始している。「ちきゅう」は二〇〇六年に公開された映画「日本沈没」（リメイク版）にも登場して大活躍したが、同じ映画の中にジョイデス・レゾリューション号もちらりと顔見せしており、それに気づいた筆者はとても嬉しかった。

深海掘削船ジョイデス・レゾリューション号の船内実験室の風景。超伝導を用いた大がかりな岩石磁気計と、その操作を担当した当時の筆者

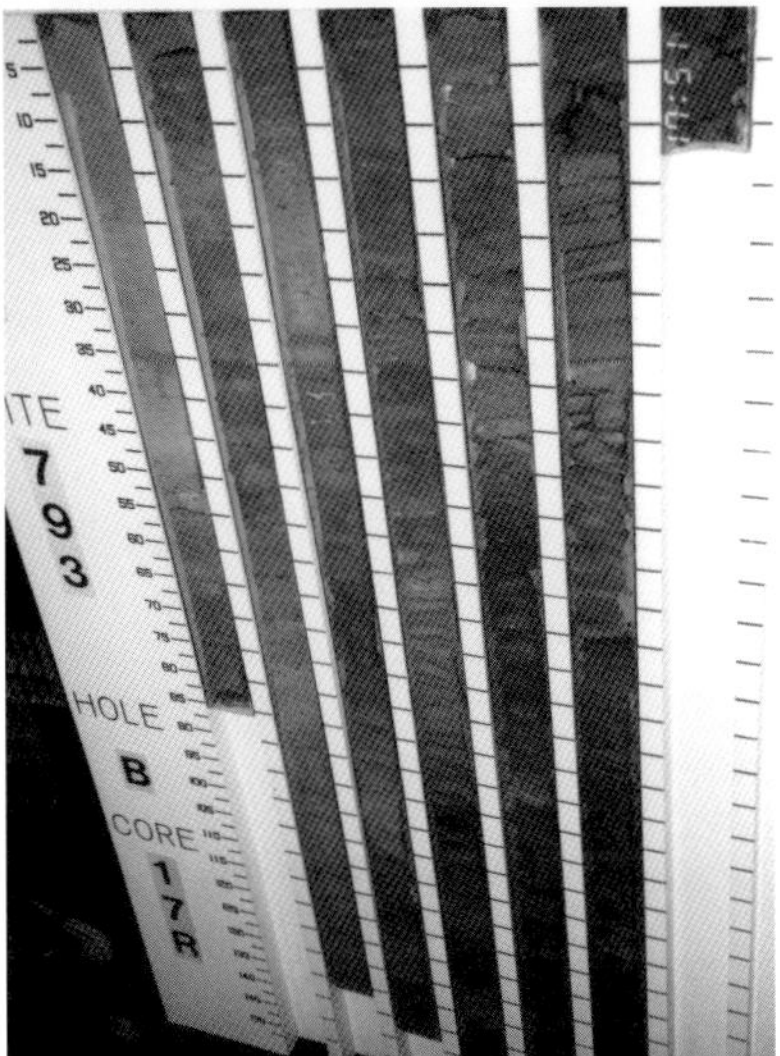

深海掘削船ジョイデス・レゾリューション号が、伊豆諸島近海で掘削した試料

28．伊豆近海の海底を掘る（3）　プレートの北上

本書の第1節で、伊豆の大地がプレート運動に乗って南から長い距離を移動してきたことを述べ、その理由として現在のプレート運動から逆算した結果であると説明した。また、28頁では、伊豆の地層から南洋種の化石が発見されることは、かつて伊豆が南洋にあった証拠であると述べた。しかし、実は伊豆のかつての位置については、もっと直接的な証拠が得られている。それは、32頁で説明した岩石の微弱な磁気を測る方法による成果である。

地球の磁場は、棒磁石のもつ磁場とほぼ同じ形をしているので、磁力線の方位は赤道付近で水平向き、両極付近で垂直となる。極と赤道の間での磁力線の下向き角度（伏角《ふっかく》と呼ぶ）は緯度によって異なり、極に近くなるほど高角となる。日本付近の緯度での伏角は約五〇度である。方位磁石の磁針が水平に見えるのは、S極側におもりをつけて強制的に水平に戻しているからである。

岩石ができた当時の地球磁場の向きと強さは、微弱な磁気として岩石中に記録される。よって、逆に岩石のもつ微弱な磁気を測定することで、その伏角の情報から岩石ができた場所の緯度が推定できるのである。

伊豆のあちこちの地層に含まれる岩石や、前節で説明したジョイデス・レゾリューション号によって伊豆七島近海の海底から採取された岩石、ならびにフィリピン海プレート上の他の海底や島々で採取された岩石のすべてが、時代の新しいものほど緯度の増加を示している。このことは、伊豆だけでなく、伊豆七島・小笠原諸島・マリアナ諸島や、その周辺の広い範囲の海底を含むフィリピン海プレート全体が、

過去四千万年以上にわたってプレート運動による北上をおこなってきたことを意味している。ただし、伊豆の地層から得られた緯度のデータは、変質の影響のために信頼性に乏しかった。グラフ上で、伊豆が伊豆七島近海を追い越して北上したように見えるのは、おそらくそのためである。ジョイデス・レゾリューション号のデータによって、ようやく信頼に足る結果を補えたと思っている。

筆者が参加した深海掘削船ジョイデス・レゾリューション号第126次航海のロゴマーク。公開ごとに乗組員全員から公募され、投票で決められる

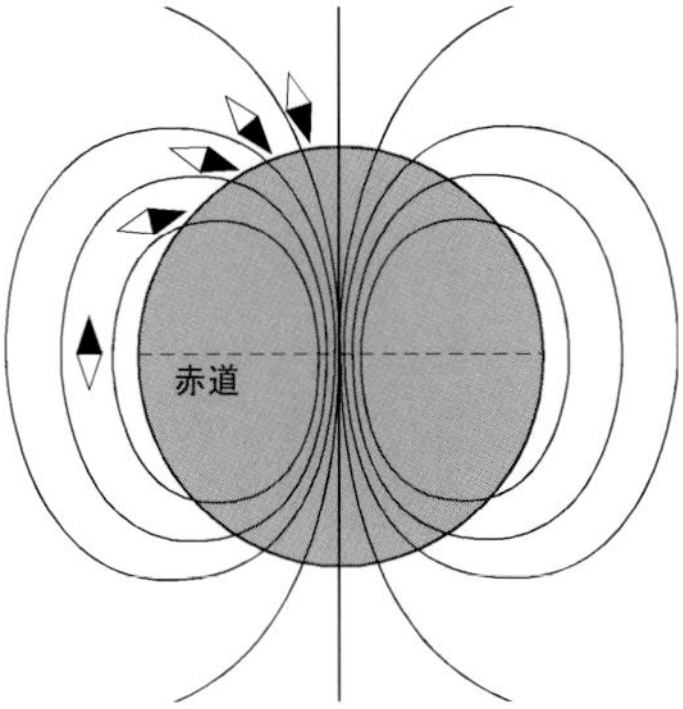

地球磁場の磁力線の向き。赤道から北極に近づくほど、下向きの角度（伏角）が大きくなる

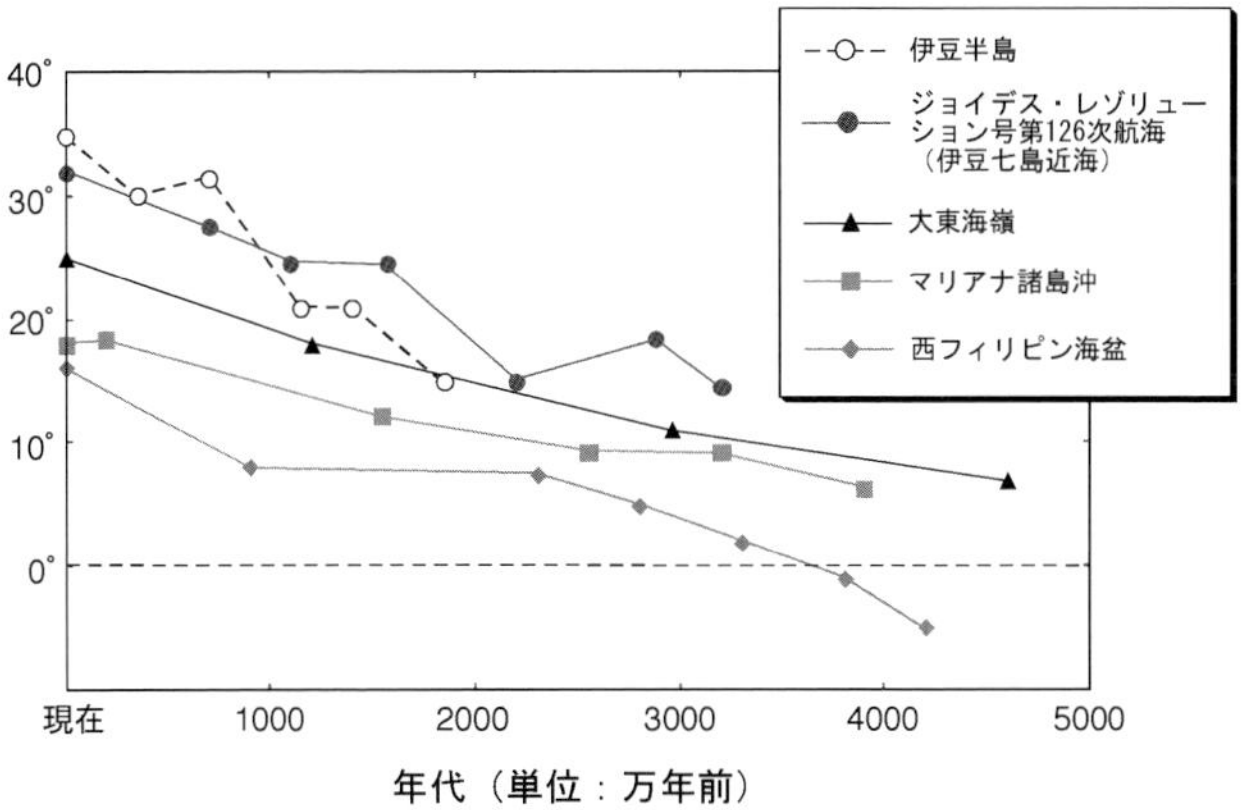

フィリピン海プレート上の各地で採取された岩石の磁気から推定された緯度。代表的な結果のみを示した。横軸は岩石の年代

29. 駿河湾の底にもぐる(1) しんかい2000

伊豆半島の西側に広がる駿河湾。この湾をはさんで両岸の地質は大きく異なる。伊豆に分布する地層は、本書でたびたび説明してきたように、ごく一部の地層を除いて、ほとんどすべてが火山の噴出物からなる。これに対し、駿河湾の西岸に分布する地層の多くは、火山性ではない普通の土砂がたまってできたものである。両者の境界、すなわち伊豆を乗せるフィリピン海プレートと駿河湾西岸が属する本州側のプレートとの境界は、陸上では富士山付近のどこかを通過しているはずであるが、富士山から流れ出た溶岩流と土石流の下に深く埋もれており、直接観察することは困難である。

では、海底はどうだろう。駿河湾の海底地形を見ると、伊豆半島を乗せた海底の高まりと、駿河湾西岸から続く海底の高まりが、松崎町の西の沖合にある狭い海底峡谷を隔てて接しているように見える。この場所の水深は一、八五〇メートルである。ここに潜水すればプレート境界が直接観察でき、そこにある地層の特徴や年代を調べることによって、駿河湾や伊豆のたどった歴史の一端がわかるかもしれない。そのような期待のもとに、この海底峡谷の潜水調査がおこなわれたのは一九九一年のことであった。用いられた潜水艇は、日本の誇る「しんかい2000」である。

「しんかい2000」は、科学技術庁海洋科学技術センター(現在は独立行政法人海洋研究開発機構)が一九八一年に完成させた有人潜水艇(全長九・三メートル、重さ二十四トン、定員三名)であり、その名の通り水深二、〇〇〇メートルまでの潜航が可能である。現在では事実上退役し、水深六、五〇〇メートルまで潜航可能な「しんかい6500」が後を引き継いでいる。ちなみに、二〇〇六年に公開された映画「日本沈没」（リメイク版）では両潜水艇の実物が、それぞれ「わだつみ2000」「わだつみ6500」と名前を変えて登場し、大活躍する。

一九九一年十月二十九日朝、松崎沖二十キロメートルの駿河湾に到着した母船「なつしま」から、「しんかい2000」が海面上に降ろされた。第五七九次潜航調査の始まりである。乗組員はパイロット二名と乗船研究者一名（筆者）の、計三名であった。

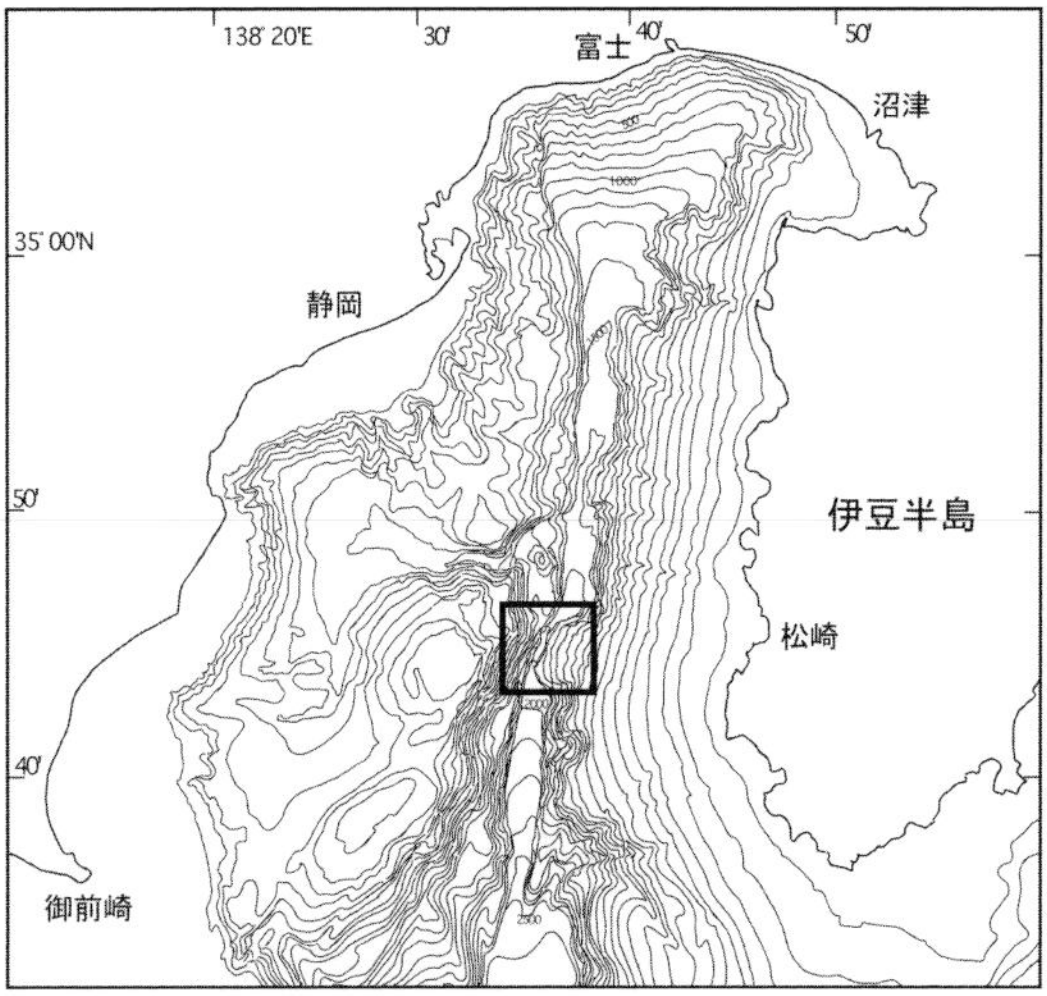

駿河湾の海底地形。等深線の間隔は100メートル。「しんかい2000」第579次潜航の調査海域を四角で示す

伊豆松崎沖の母船「なつしま」の甲板上で潜航準備中の「しんかい2000」

30．駿河湾の底にもぐる(2)　潜航開始

筆者を乗せた有人潜水艇「しんかい２０００」は、一九九一年十月二十九日朝から伊豆松崎沖二十キロメートル付近の駿河湾底への潜航調査を開始した。調査の目的は、伊豆を乗せたフィリピン海プレートと本州側のプレートの境界を直接観察することと、駿河湾と伊豆のたどった歴史を調べることの二つである。

夜間の潜航は規則上できないため、潜水艇の準備から母船への格納までの全作業が日中におこなわれる。潜水艇の中にいた時間は六時間程度、実際に駿河湾の底を調査していた時間は四時間弱である。潜水艇はバッテリー駆動であり、電力節約のため暖房は装備していない。したがって、深海での船内気温は五度程度になるため、防寒用のツナギが与えられた。もちろん船内にトイレはないので、非常用の携帯トイレとのセットである。

潜航し始めて数分で周囲は真っ暗になり、その後はライトに照らされたマリンスノーだけが見える闇の世界である。時おり深海魚やクラゲが観察用の丸窓の外をよぎる。まるで、真夜中に懐中電灯一本だけ持って地質調査に出かけたような、もどかしい気分である。しかも、地層が見えても直接手を触れられない。岩石を採取したければ、パイロットに頼んでマジックハンドで取ってもらうしかない。その操作は見るからに難しく、一個の岩石を拾うのにも数分を要する。

潜水を始めて一時間半ほどで駿河湾の底に近づいたが、南からの潮流が〇・九ノット（毎秒約五十センチ）と速く、操船に苦労しながら水深一、八五〇メートルの駿河湾底に到着した。海底表面には、強

い潮流の存在を示すリップルマーク（砂の表面にできる波紋）が見られた。こんな深海にも強い潮流があるとは、まるで映画「日本沈没」（一九七三年）の冒頭シーンのようである。映画の中の潜水艇「わだつみ」は、24頁で紹介した乱泥流《らんでいりゅう》に襲われて遭難しかけるが、幸いに強い潮流との遭遇《そうぐう》は最初だけで済み、「しんかい」は無事に調査を終えることができた。

ちなみに、駿河湾の底は深海だというのに意外と汚い。タカアシガニの近くをスーパーの買い物袋が漂っていた。

駿河湾の水深1800メートル付近に見られる古い海底火山の噴出物からなる崖。手前はソコダラの一種とみられる深海魚

駿河湾の底に生息するタカアシガニ。手前の影は潜水艇の一部

31. 駿河湾の底にもぐる（3）　沈む海底

筆者が乗船研究者として乗り込み、松崎沖の駿河湾で実施された潜水艇「しんかい２０００」の第五七九次潜航（一九九一年十月）において、潜水艇はまず水深一、八五〇メートルの最深部に着底した後、伊豆側の斜面を少しずつ登りながら水深一、六〇〇メートル付近までの地層を連続的に観察するルートをたどった。この調査で得られた大きな成果は、古い海底火山の噴出物と、その上をおおう浅海性砂岩の存在を確認したことである。

このうち海底火山の噴出物は、水冷火山弾や溶岩流が積み重なる地層であり、本書で説明してきた白浜層群とよく似た特徴をもつ。ところが、この火山噴出物が見られた場所からわずか二百メートルほど離れた静岡側の斜面には、駿河湾西岸に広く分布するものと同じ砂や泥の地層が観察されている。すなわち、伊豆固有の地層と本州固有の地層とがわずかな距離を隔てて接しており、伊豆を乗せるフィリピン海プレートと本州側のプレートの境界が、予想通り駿河湾の最深部を通過していることが証明されたのである。

一方、海底火山の噴出物の上をおおう浅海性砂岩は、水深三〇～一〇〇メートルに生息する海洋微生物の化石を多く含む石灰質の砂岩であり、約百万年前のものと考えられている。この砂岩の現在の水深は一、七五〇メートルだから、百万年の間に約一、七〇〇メートルも沈下したことになる。つまり、ここでは伊豆をつくる地層の一部が、プレート運動に乗ってまさに本州の下に沈み込もうとしているのである。

伊豆を乗せたフィリピン海プレートは、今でも年間数センチの速度で北西に移動し続けており、駿河湾は狭くなりつつある。駿河湾へは、富士川・安倍川・大井川などの多くの河川が、大量の土砂を流し込んでいる。58頁で説明したように、伊豆の北側の足柄山地付近にあった海峡は、プレート運動による伊豆の接近と衝突によって急速に土砂に埋められて閉じてしまった。それと同じことが、今まさに駿河湾で起きつつある。数十万年の後、駿河湾は完全に閉じてしまい、そのとき伊豆は「半島」とは呼べなくなってしまうはずである。

駿河湾の水深1800メートル付近に見られる古い海底火山の噴出物

駿河湾の水深1600メートル付近に見られる浅海性の砂岩。一部に貝化石が見られる

第五章

陸上大型火山の時代

32. 並び立つ火山(上)　複成火山

62頁で説明したように、およそ百万年前を最後にして、伊豆から海の地層が姿を消した。伊豆全体が陸地になったのである。そして、そこに出現したのが、現在も山としての地形を残す大型の火山たちである。それらは、おおよその大きさ順に言うと、天城、多賀、達磨《だるま》、棚場《たなば》、宇佐美、湯河原、猫越《ねっこ》、天子《てんし》、井田、蛇石《じゃいし》、長九郎《ちょうくろう》、大瀬崎《おせざき》、南崎の十三火山である。

これらの火山の大部分は、複成《ふくせい》火山と呼ばれる種類の火山である。複成火山は、ほぼ同じ場所から休止期間をはさみつつ数万〜数十万年間にわたって噴火をくりかえし、結果として大型の山体をつくる火山である。伊豆周辺では、富士山、箱根山、愛鷹《あしたか》山、伊豆大島なども複成火山の仲間である。

富士山・箱根山・伊豆大島の三火山は、活火山に分類され、今後も噴火する可能性を秘めている。ところが、伊豆半島にある複成火山十三峰は、どういうわけか二〇万年ほど前までに噴火をやめてしまい、活火山に分類されるものはひとつもない。

十五万年前以降の伊豆半島では、「鎮火」してしまった大型火山の代わりに、大室山に代表される小型の火山があちこちで噴火するようになった。その結果として小型火山の群れ（伊豆東部火山群）ができ、今日に至っている。こうした小型火山は、一度だけ噴火した後に同じ火口からの噴火をやめてしまい、次に噴火する時は全く別の場所に新しい火口をつくる。この種の火山を、複成火山に対して、単成《たんせい》火山と呼ぶ。

伊豆東部火山群のマグマは、現在でも地下で時おり活動を続け、伊豆東方沖群発地震を起こしている。

一九八九年七月には伊東沖で海底噴火を起こし、新しい単成火山である手石海丘《ていしかいきゅう》を誕生させた。こうした事実から、伊豆東部火山群は活火山のひとつに数えられている。

以上をまとめると、陸化した後の伊豆で生じた火山活動は、およそ十五万年前を境として二つに分けられる。十五万年前より古い大型火山（複成火山）の活動と、十五万年前以降の小型火山（単成火山）の活動である。次節以降、まずこのうちの大型火山が残した痕跡をたどることにする。

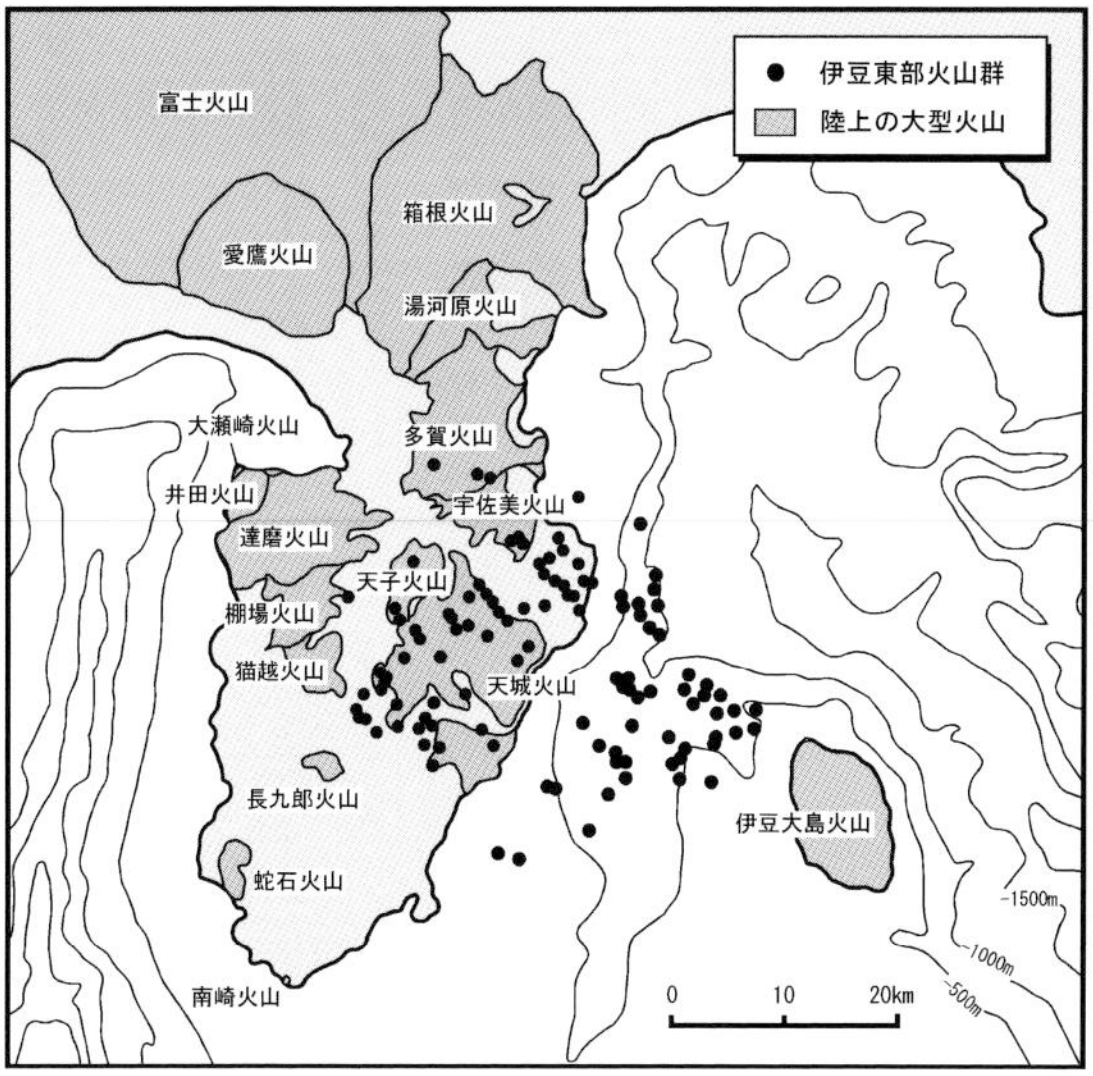

およそ100万年前以降に伊豆とその周辺で噴火した火山の分布。大型の火山と、小型の火山（伊豆東部火山群）に分けて示した。伊豆東部火山群は、伊豆半島と伊豆大島の間の海底にも分布する。海域の等深線の間隔は500メートル

南側から見た伊豆半島の最高峰天城山

33. 並び立つ火山(下)　失われた山頂

地形図上で伊豆の山々の並び方をよく見ると、半島の屋台骨とも言える稜線がアルファベットのJの形を描いていることに気づく。まず、箱根山から十国峠・亀石峠・冷川峠を経て天城山に至る南北の稜線がある。この稜線は、天城山中で西へと曲がり始め、最南端の天城峠を経て北へと曲がり、さらに仁科峠・船原峠を経て再び南北の稜線となって達磨山に至る。

このJ字形の稜線は、主要な分水嶺にもなっている。J字形の稜線の内側が狩野川水系であり、この範囲に降った雨は、最終的には狩野川一本に集まって沼津付近で駿河湾に注ぐ。これに対し、J字形の稜線の外側に降った雨は、仁科川や河津川などの多くの小河川を通じて駿河湾や相模湾に注ぐことになる。

このJ字形の稜線は、前節で述べた伊豆にある大型火山十三峰の中でも特に大きな七峰（J字をなぞる順に言うと、湯河原・多賀・宇佐美・天城・猫越・棚場・達磨の七火山）がつくり出した地形に他ならない。つまり、これら七峰がJ字形に並んだために、必然的にその形の稜線ができたのである。

これら七峰は、おそらく富士山とまではいかなくても、噴火をくりかえしていた当時は円錐に近い美しい形をしていたはずである。しかし、噴火をやめて数十万年が過ぎ、浸食によって元の形の大半が失われた。とくに海側の浸食は激しく、たとえば多賀火山や宇佐美火山は、元の山体の東半分がすでに失われ、相模湾内に没してしまった。七峰のいずれも、中伊豆側の傾斜はゆるやかで溶岩流などの明瞭な火山地形を残すが、駿河湾・相模湾側の傾斜は急であり、火山地形もほとんど残っていない。もちろん山頂部分もすでに失われており、かつての最高点がどこにあったかすら定かでない。

しかしながら、浸食は、火山の内部構造を見るには好都合な現象である。とくに海岸の崖には、さまざまな噴出物や、噴火の造形が観察できる場合が多い。次節以降は、これらの火山十三峰の地形・噴出物・造形などを順にたどっていく。

伊豆の中心をゆったりと流れる大見川（手前）と狩野川（奥）。左手奥の山は達磨山。その向こうは駿河湾

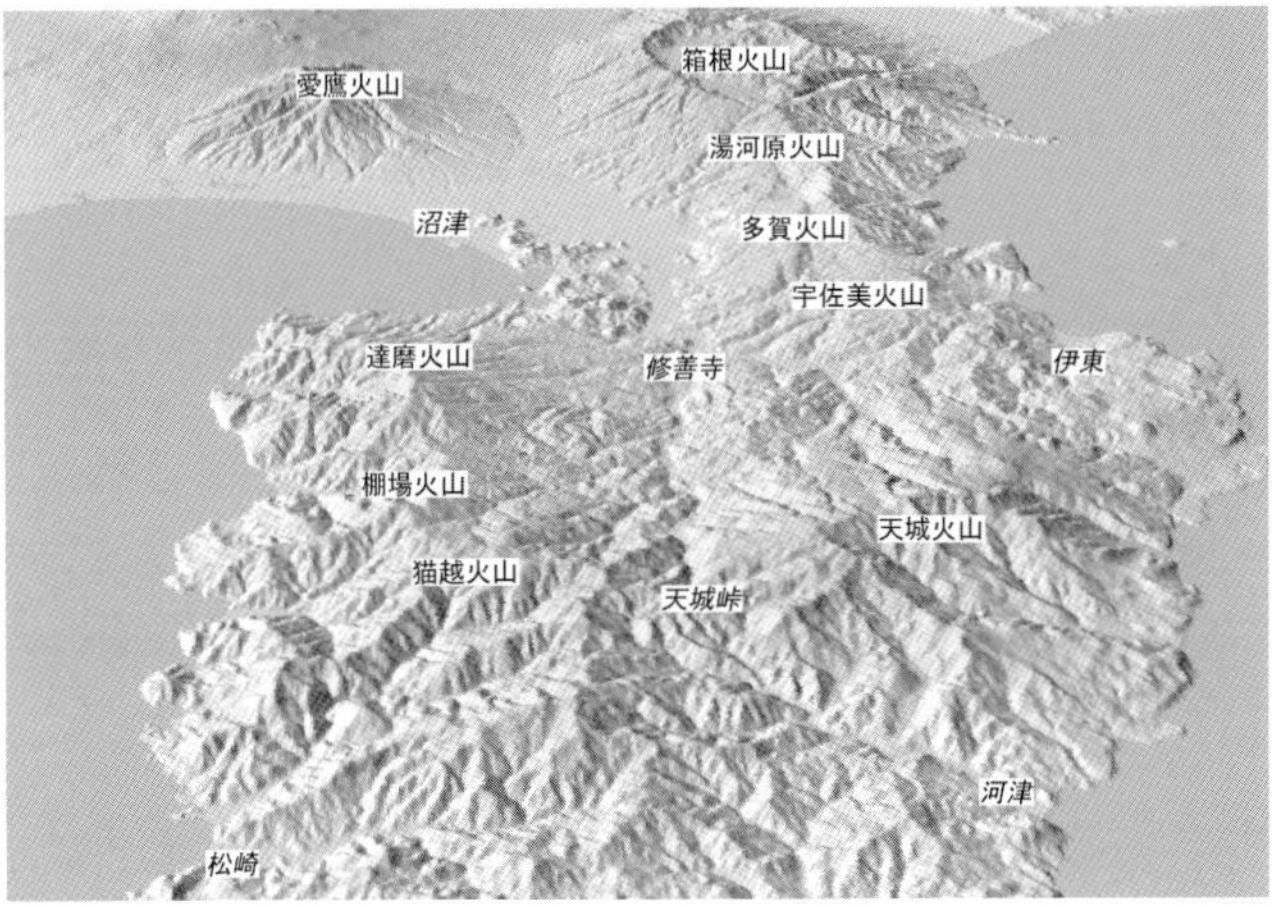

伊豆半島の背骨をなす山並みは、火山がつくった。スペースシャトルが作成した数値地図（SRTM）と「カシミール３Ｄ」を用いて描いた立体地図

34. 湯河原・多賀・宇佐美火山

伊豆半島の付け根にあたる部分の相模湾ぞいに、北から湯河原・熱海・多賀・網代《あじろ》・宇佐美などの温泉町が並んでいる。これらの町のある低地には、本書で説明してきた古い地層である湯ヶ島層群や白浜層群が分布している。ところが、町の背後の山に登ると、そこには陸上火山特有の溶岩流や火山灰が累々と積み重なっていることが、古くから知られていた。

一九三〇年代になると、東京から来た一人の若き地質・岩石学者がこの地の調査をおこなうようになった。彼の名前は久野久《くのひさし》（一九一〇—一九六九）、後の東京大学教授、日本火山学会会長であり、日本の生んだ天才岩石学者として世界に名を知られることになる人物である。

彼は、前記の火山噴出物を、北から湯河原・多賀・宇佐美の三火山として整理・区分した。その後、宇佐美火山については筆者も調査をおこない、およそ百万～五十万年前ころに噴火をくりかえした古い火山であることを明らかにした。湯河原・多賀火山は、宇佐美火山よりやや新しい、おそらく八十万～三十万年前ころにできた火山である。

これら三火山の噴出物の大半は、それぞれの火山名が示す温泉町よりも西側に分布するため、火山名の付け方に疑問を感じる人もいるだろう。しかし、久野は、三火山それぞれの東半分が浸食によって失われたことを見抜き、火山の中心により近い場所として湯河原・多賀・宇佐美の名前を採用したのである。

現在の伊豆の国市や伊豆市の地形をみると、伊豆スカイラインが走る山の稜線から狩野川ぞいの低地にかけて緩やかな斜面が広がっている。これは、かつて標高一、〇〇〇メートルをゆうに超えていたであろう湯河原・多賀・宇佐美の三火山の山頂から、西に向かって裾を引いていた地形のなごりである。

久野は、これらの三火山の他にも、一九三〇年北伊豆地震を起こした丹那《たんな》断層の起源や性質、同年の伊東群発地震の発生原因などについて、独創的な研究結果を次々と発表した。それらは後で改めて語ることにしよう。

伊豆スカイラインぞいの崖に見られる多賀火山の噴出物。層をなしているのは溶岩流

南から見た伊東市街。伊東市街の背後に宇佐美火山と多賀火山がつくった緩やかな山並みが続く

35. 天城・天子火山

伊豆半島の最高峰である天城山は、伊豆を代表する大型火山のひとつであり、八十万〜二十万年前の噴火でつくられた。相模湾に面した南側の斜面はすでに深く浸食されて元の地形をあまり残さないが、河津町見高《みだか》の台地などは、元の溶岩流の表面に相当する平坦面と考えられる。

一方、天城山の北半分にあたる伊豆市・伊東市側には、火山特有のなだらかな裾を引いた斜面が広がり、数多くの溶岩流地形がはっきり残っている。とくに見事なのが、伊豆市冷川から八幡《はつま》までの冷川の南岸にあるT字形の台地や、同じく伊豆市姫之湯の東にある大見川と地蔵堂川にはさまれた細長い台地である。これらの台地は、厚さが五十メートルもある溶岩流が北に向かって流れてできた地形である。

天城山は、他の伊豆の大型火山と同様、元の山体のかなりの部分（とくに南部）が浸食によって失われたため、元の山頂の位置が明確でない。現在の最高点は標高一、四〇六メートルの万三郎岳《ばんざぶろう》であるが、かつての山頂はさらに南側のどこかにあり、標高も二、〇〇〇メートル近くあったと思われる。天城峠の東にある八丁池は、俗に天城山の「火口湖」と言われるが、活断層のずれによって谷の最奥部が陥没してできた凹地であり、火口ではない。

なお、天城山中には、火口や小火山や溶岩流など、さらに新しい時代の火山地形が多数見られる。それらは、かつて天城山のものとされた時期があったが、現在では伊豆東部火山群に属すると考えられている。

天城山の北側に、狩野川と大見川にはさまれた丘陵地があり、天城山とは独立の山塊をなしている。

この丘陵地には、陸上火山の特徴をもつ溶岩流などの火山噴出物が分布しており、丘陵地の最高点である標高六〇八メートルの天子山にちなんで、天子火山と呼ばれている。

天子火山は、およそ百万~四十万年前に噴火してできた古い火山である。浸食によって元の火山地形がほとんど失われており、かろうじて修善寺カントリークラブのある平坦面に、火山であった面影を残している。

東伊豆町の三筋山（写真右上）から稲取岬（写真左の半島）にかけて続く緩斜面。天城火山の南斜面にあたる地形である

天城峠の北の林道ぞいに見られる天城火山の溶岩流。冷却時の収縮によってできた美しい板状の節理が見られる

36. 達磨・井田・大瀬崎火山

伊豆半島の北西部にひときわ高くそびえる達磨山は、天城山と共に伊豆を代表する大型火山のひとつであり、百万〜五十万年前の噴火でつくられた。駿河湾に面した西側の斜面には、浸食によって大きくえぐられた谷間ができており、その出口に戸田《へだ》港がある。かつての山頂部分もすでに失われたため、西伊豆スカイラインぞいにある現在の山頂（標高九八二メートル）は、現存する山体の最高部分という意味しかない。おそらく元は標高一、二〇〇メートルほどの雄大な山体が、西は戸田港沖と北は西浦沖の駿河湾内にまで裾を広げていたとみられる。

一方、達磨山の東斜面には、元の火山地形である緩やかな斜面が修善寺付近にまで広がっている。修善寺から戸田までドライブした人なら誰でも気づくことであるが、修善寺から戸田峠まではカーブのほとんどない緩やかな上り坂が続く。これは達磨火山の裾にあたる部分を登っているからである。ところが、戸田峠を越えたとたんに、道はつづら折りの急な下り坂となる。これは、浸食でえぐられた急峻《きゅうしゅん》な谷間に降りていくためである。

達磨火山と接する形で、その北西側に井田火山と大瀬崎《おせざき》火山がある。井田火山は達磨火山よりやや新しい火山（噴火期間は八十万〜四十万年前）であるが、激しい浸食を受けたために元の山体をほとんど残していない。達磨火山と同じく、浸食によってできた大きな谷間が西の海岸へと伸び、その出口に井田の集落がある。

大瀬崎火山は、大瀬崎の南の山地にのみ噴出物の分布が確認できる火山である。山体のほとんどは浸食によって失われたため、元の大きさは定かでない。井田火山の噴出物におおわれることから、井田火山よりやや古いと考えられる。

大瀬崎から土肥《とい》付近に至る海岸の崖には、ここで紹介した三火山の噴出物の積み重なりがよく観察できる。とくに船からよく見えるので、駿河湾フェリーや高速船ホワイトマリンに乗船した際には、崖に見える地層の模様に気をとめてほしい。

西側の駿河湾上から見た達磨山。浸食によって深い谷間がきざまれ、その出口に戸田港（写真手前の町）がある

大瀬崎付近に見られる崖。大瀬崎火山の溶岩流が積み重なっている

37. 棚場・猫越・長九郎火山

達磨山から西伊豆スカイラインを南に下ると、船原峠に至る。船原峠は、中伊豆と西伊豆を結ぶ重要な交通路であり、行きかう車も多い。ここで西伊豆スカイラインは終点となるが、稜線ぞいをさらに南へと向かう県道西天城高原線が一九九九年に開通した。この道は棚場山（標高七五三メートル）、南無妙《なむさ》峠などを経た後、湯ヶ島と西伊豆町を結ぶ県道が通る仁科峠に至って終点となる。

仁科峠から南にも稜線は続き、猫越岳（標高一、〇三五メートル）を経て天城峠に至るが、ここに自動車道はなく、時おり縦走を楽しむハイキング客が訪れるのみである。さらに、猫越岳と天城峠の中間から枝分かれして南に向かう稜線もあり、猿山を経て長九郎山（標高九九六メートル）に至る。長九郎山は、松崎の町から北東に望むことのできる山である。

これらの稜線を形づくる山々は、達磨山や天城山と同様、かつての陸上大型火山の噴出物が積み重なってできたものである。地質や岩石の調査結果にもとづいて、北から棚場火山、猫越火山、長九郎火山の三つに分けられている。

棚場火山は、北隣りの達磨火山と同様に、西半分のほとんどが浸食によって失われた古い火山である。浸食によってできた大きな谷の出口に土肥の町がある。一方、東側（湯ヶ島側）には、火山のなごりとも言える緩い斜面がかろうじて残っている。棚場火山ができたのは百数十万〜八十万年前である。

棚場火山の南に隣接する猫越火山は、百万〜六十万年ほど前の噴火によってできた。西側（宇久須《うぐす》側）と南西側（仁科方面）は浸食されて切り立っているが、北東側（湯ヶ島側）に火山特有のなだらかな斜面を残しており、その平坦な地形を利用して天城牧場がつくられている。

長九郎火山も六十万年前ころの噴火でできた古い火山である。浸食によって山体の大半が失われ、わずかに長九郎山付近になだらかな斜面を残す。長九郎山の北にある猿山（標高一、〇〇〇メートル）も溶岩流でできており、かつては猫越火山あるいは長九郎火山の一部だったかもしれない。

空から見た土肥の町。背後の山が棚場火山

猫越火山の厚い溶岩流の断面。仁科峠付近

38. 蛇石・南崎火山

松崎の町から国道136号線を南にたどると、しばらくは海岸ぞいを走るが、雲見を過ぎたあたりで山にのぼり、南伊豆町の子浦付近までなだらかな高原上を走ることになる。このあたりはマーガレットラインと呼ばれる風光明媚な道路であり、途中から西に折れて海岸に下ると、野猿で有名な波勝崎《はがち》にも行ける。この高原をつくった火山は、付近の地名にちなんで蛇石火山と呼ばれている。

蛇石火山は百四十万～百三十万年前ころの噴火でできた古い火山であり、浸食が進んでいるため元の大きさや山頂の位置は不明である。その地形は火山特有のなだらかな丘陵をなしており、最高点は五百二十メートルである。

さらに国道136号線を子浦から南にたどろう。妻良《めら》を過ぎ、差田《さしだ》から国道を離れて石廊崎へと向かう。中木を過ぎて、断崖絶壁の海岸を右手に見下ろしながら、石廊崎に向かってぐるりと東に向きを変えた時、道路は標高五〇～一〇〇メートルほどの小さな高原の中に躍り出る。

この高原は「池の原」と呼ばれ、石廊崎付近の険しい地形の中にあって、海岸の絶壁に面した小さなテラスのような優雅な景観をそなえている。ここはユウスゲの花が咲く名所でもあり、奥石廊ユウスゲ公園として整備されている。蛇石火山がつくった高原の十分の一にも満たないちっぽけなテラスであるが、この地形も火山の産物である。大きさから言って、伊豆の陸上大型火山の仲間に加えるのは相当気が引けるが、南側は浸食されて海となっているため、当初の大きさはわからない。

およそ四十万年前に噴火してできたこの火山は、南崎火山と呼ばれている。「なんざき」と読まれることが多いが、「みなみざき」が本来の読み方のようである。南崎は石廊崎の別名らしいので、場所から言えば「池の原火山」が妥当であろう。

　いずれにしろ、この火山が専門家の間で少々有名なのは、その岩石の特異さからである。みかけは何の変哲もないが、化学成分上は「アルカリ玄武岩」という種類に属し、通常はプレートの沈み込み境界から遠く離れた場所に出現する火山岩である。この特殊な岩石がここで噴出した理由は、よくわかっていない。

南伊豆町妻良の港。入り江の向こうに見える台地は、蛇石火山がつくった地形である

石廊崎の西にある「池の原」。南崎火山がつくった小さなテラス地形である

39. ガラスをつくった火山

前節をもって、伊豆を代表する大型火山十三峰の紹介を終えた。ここからは、それら十三峰に含まれないが、同時期に噴火した火山の、どうしても触れておきたい話題について語ろう。

土肥の町から国道136号線を南にたどると、宇久須の町に至る手前で海ぞいの高台を通過することになる。有名な恋人岬にも近いこの一帯が、伊豆市小下田である。付近の地形はなだらかで、全体として西に向かってゆるやかに傾き下がっている。この地形は、かつてその東側にあった火山の裾の一部が浸食をまぬがれて残ったものである。

この火山に名前は無いが、小下田付近に残る溶岩流などの噴出物に対して「小下田安山岩類」という地層名が付けられている。その年代は二百万年より古いと考えられたこともあったが、陸上噴出の特徴をもち、岩質も新鮮なことから、おそらく東隣にある棚場火山と同時期か、それよりやや古い程度の百数十万〜百万年前と考えるべきだろう。

この火山のかつての山頂付近には、大きな地熱地帯があった。地熱地帯の地中では、温泉水によって岩石が変質し、さまざまな鉱床がつくられる。小下田の東方三キロメートルほどの山中にある伊豆珪石《けいせき》鉱床がそれにあたる。珪石は、その大部分が水晶と同じ成分をもつ石英《せきえい》という鉱物からできており、板ガラスや建材などの原料として有用なため、大がかりな採掘がおこなわれてきた。露天掘りをしたため、山全体が珪石の白色で染まっており、晴れた日には駿河湾を隔てた静岡市付近からもよく見えた。今は植栽されてあまり目立たなくなったが、火山が活動していた当時には、おそらく噴気も立ち上っていただろう。

　この鉱床の存在によって、宇久須と言えば珪石というくらいに、その道の人に宇久須の名前はよく知られている。同じ宇久須地区内にある黄金崎《こがねざき》の崖のもつ美しい黄白色も、珪石鉱床をつくったものと同じ変質作用によるものである。ガラス工芸品などで有名な観光施設「黄金崎クリスタルパーク」は、伊豆珪石鉱床の存在にちなんで作られたものである。ガラスも火山の与えてくれた恵みの一つなのである。

駿河湾の海上から見た小下田火山の地形。海に向かって傾き下がる緩やかな斜面がわかる

西伊豆町宇久須の伊豆珪石鉱床。露天掘りをしたため、山全体が白く見える

40. 伊豆の黒曜石

ガラスの原料となる伊豆珪石が火山の恵みであることを前節で述べたが、珪石そのものは白いぼろぼろした岩であり、一見しただけではガラスの原料と思えないものである。ところが、火山は素人目にもガラスとわかる物体を直接噴き出すことがある。そうしたガラスを、火山ガラスと呼ぶ。

黒曜石《こくようせき》も、そうした火山ガラスの一種である。半透明の黒または灰色でガラス光沢をもち、割れ方もガラスそのものである。その見かけからは噴火の産物として想像することは難しいが、火山岩の一種である流紋岩と同じ成分をもち、溶岩流として火口からあふれ出たり、岩片の形で火口から空中に放出されたりしたものである。ただし、マグマが急に冷やされるなどの特殊な条件下でできるため、産出場所はごく限られている。

伊豆で多量の黒曜石が見つかるのは、伊豆市の筏場《いかだば》南方、伊豆市と伊東市の境にある柏峠、熱海市の上多賀や神奈川県湯河原町鍛冶《かじ》谷《や》などの付近に限られる。このうち筏場南方のものは三千二百年前に伊豆東部火山群のカワゴ平《だいら》火山が噴出した流紋岩溶岩流の一部であるが、年代不明の熱海市伊豆山《いずさん》のものを除いた他は三十万～六十万年前のものである。柏峠の岩体は直径五百メートルほどの流紋岩の溶岩ドームであり、その一部が黒曜石となっている。おそらく上多賀など他の黒曜石も、小規模な溶岩ドームか溶岩流の一部であろう。

黒曜石はガラスと同じ割れ方をするため、固く鋭い破片をつくることが容易である。それらの破片は、矢じりやナイフとして古くから重宝されてきた。中部・関東地方のあちこちの旧石器時代や縄文時代の遺跡から、伊豆産の黒曜石を使った石器が見つかっている。

上多賀や鍛冶屋付近の黒曜石を産する流紋岩溶岩は、86頁で述べた湯河原火山や多賀火山の一部とされたこともあるが、岩質や分布から考えると異質なものである。伊豆東部火山群の一部に含めたい気もするが、年代はずっと古く、浸食も進んでいる。陸上大型火山の時代末期に、伊豆東部火山群とは別の単成《たんせい》火山群の小規模な活動があり、その結果として噴出したものかもしれない。

黒光りした黒曜石の例。まるでガラスを割ったような破断面をもつ。伊豆市柏峠産のもの

こちらは伊豆市カワゴ平火山から噴出した黒曜石。伊豆市筏場付近の河原によく見られる

第六章

伊豆東部火山群の時代

15万〜10万年前

41. 群れをなす小さな火山たち

82頁で述べたように、火山には大きく分けて複成火山と単成火山の二種類がある。複成火山は、ほぼ同じ場所から休止期間をはさみつつ数万〜数十万年間にわたって噴火をくりかえし、結果として大型の山体をつくる火山である。富士山、箱根山や、前節まで説明してきた伊豆を代表する大型火山たちが、これにあたる。一方、単成火山は一度だけ噴火して小型の山体をつくった後に、同じ火口からの噴火をやめてしまい、次に噴火する時は全く別の場所に新しい火口をつくる。

十五万年前以降の伊豆半島では、なぜか「鎮火」してしまった大型の複成火山の代わりに、大室山に代表される単成火山があちこちで噴火するようになった。その結果として小型火山の群れ（伊豆東部火山群）ができ、今日に至っている。この火山群に属する火山は、伊豆半島の東半部（伊豆の国市、伊豆市、伊東市、東伊豆町、河津町）に全部で六十あまり分布するほか（口絵8）、伊豆半島と伊豆大島の間の海底にも存在する。

単成火山には、大きく分けて三つの種類がある。それらは、スコリア丘、タフリング（あるいはマール）、溶岩ドームである。

溶岩のしぶき（スコリア）が火口から噴水のように噴き上がると、火口のまわりに降りつもって**スコリア丘**がつくられる（1A）。大室山（190頁）や小室山（174頁）で見られるように、スコリア丘のふもとから溶岩流がわき出すことがある。そのさい、スコリア丘の一部が崩れて溶岩流の上に乗ることがある。これをスコリアラフトという（1B）。伊雄山《いおやま》（216頁）や地久保（160頁）で見られるように、時にはスコリア丘の形が変わるほど崩れることもある（1C）。

マグマが大量の地下水や海水と触れあうと、爆発的な噴火を起こす（2A）。その結果、大きな火口のへこみが残されたものを**マール**と呼ぶ（2B）。伊東市の一碧湖《いっぺきこ》（126頁）で見られるように、マールに水がたまって湖となることがある。大きな火口だけでなく、それを囲むリング状の山体が残されたものを**タフリング**と呼ぶ（2C）。梅木平《うめのきだいら》（128頁）のように、リング地形の一部が目立たずにU字形となったものもある（2D）。門野《かどの》や荻（130頁）で見られるように、噴火の後期になって溶岩流がわき出し、タフリングやマールの火口を埋めたものや、一部が外にあふれ出しているものもある（2E）。

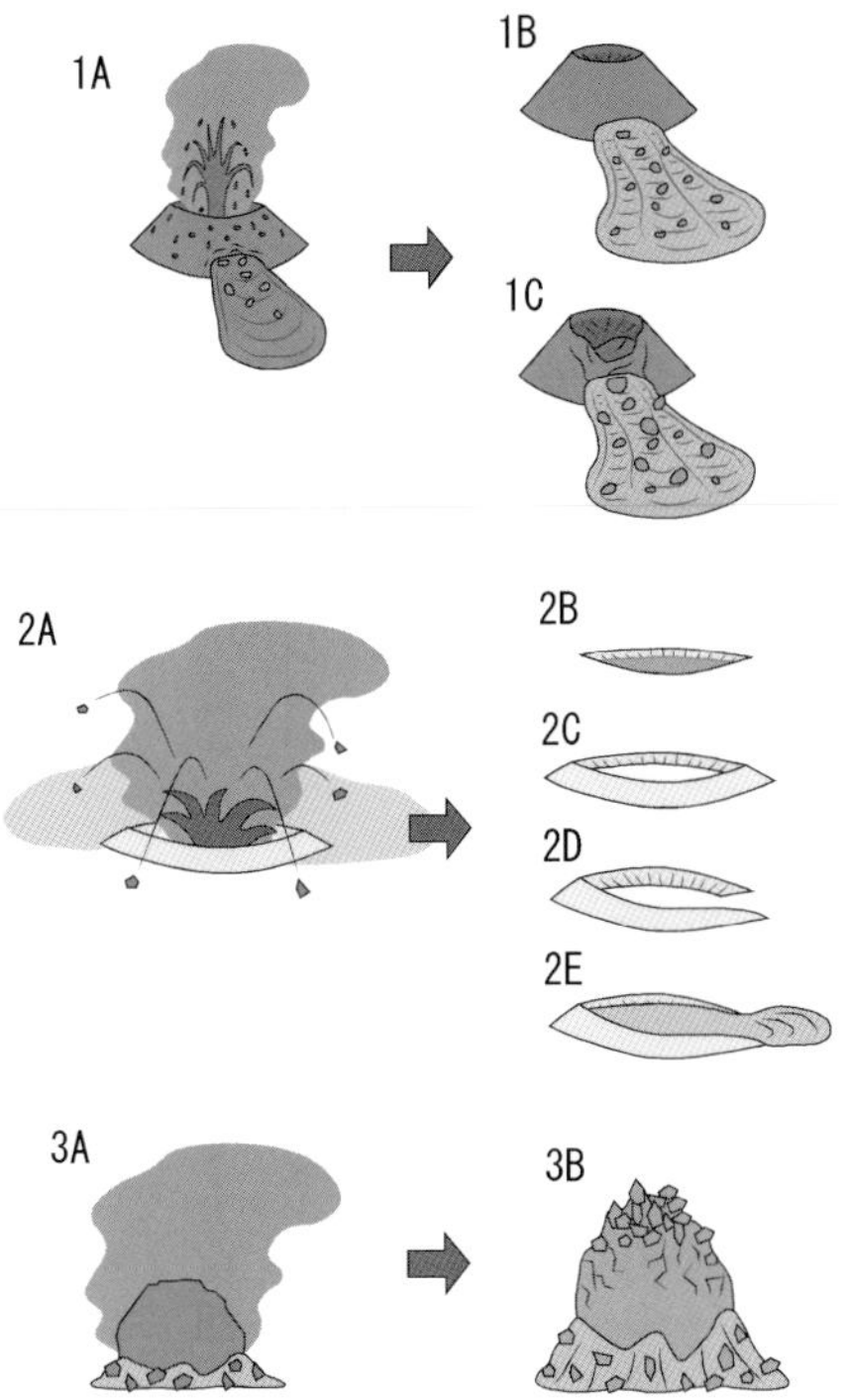

単成火山の種類と、そのできかた（本文参照）

粘りけの多い溶岩が火口のまわりに盛り上がると**溶岩ドーム**がつくられる（3A、3B）。岩ノ山（212頁）や矢筈山《やはずやま》（214頁）がこれにあたる。また、大室山や小室山で見られるように、溶岩流出の末期に溶岩の粘りけが増したために、流出口にフタをするように盛り上がった溶岩ドームもある。

42. 遠笠山

伊豆半島の屋台骨をなす天城連山の中で、もっとも東側にある遠笠山《とおがさやま》（標高一、一九七メートル）は、丸みをおびた三角形ないしは台形の山体が印象的な山である。

天城連山は、最高峰の万三郎岳《ばんざぶろう》（標高一、四〇六メートル）を含む複数の峰からなる。この峰々は、かつての天城火山の山体の「浸食され残り」に過ぎないことを、88頁で述べた。遠笠山も、かつては天城火山の一部と考えられていた。ところが、その岩石の化学成分を分析した結果、天城火山ではなく伊豆東部火山群の一火山であることが判明した。天城連山の他の峰々と違って遠笠山のシルエットが美しいのは、噴火年代が若いために当初の火山の原型を保っているからである。

遠笠山は、北西―南東方向に伸びた円錐形をしており、円錐の底の直径は千二百メートル、底から頂点までの高さは二百五十メートルほどである。当初は小型の成層火山と考えられたこともあったが、噴火の休止期間をはさむ証拠が見られないことや、通常の成層火山と比べてずっと小さいことから、大室山などと同じ単成火山の一種「スコリア丘」の仲間とみるべきである。西側と北東側のふもとに溶岩が流れ出しており、北東側のものは二キロメートルほど先まで流れ下っている。

遠笠山は、いつ噴火してできたのだろうか？　遠笠山の東側の台地に伊東市営天城霊園がある。この霊園が造成された時に、道路ぞいの崖で見事な地層の断面が観察できた。断面の最下部に天城火山の溶岩流が確認でき、それをおおう十五メートルほどの厚さのローム層（火山灰や、火山灰質のほこりが積もってできた地層のこと）の中に十四枚ほどの火山灰層を見つけることができた。

これらの火山灰の出どころはほぼ特定できたが、最下部にある四十センチメートルほどの厚い火山灰層の正体が不明だった。遠笠山の近くでしか見られないことから、遠笠山から噴出したと考えて良さそうである。他の火山灰との関係から、この火山灰層の噴火年代を十四～十五万年ほど前と見積もることができた。伊豆東部火山群の中で、この年代より古い火山は、１４２頁で述べる船原火山以外に見つかっていない。船原火山の年代も十五万年程度と見積もられることから、両者は伊豆東部火山群最古の火山と考えられる。

空から見た遠笠山（写真中央）。その左側は天城連山

遠笠山から流れ出た溶岩

43. 巣雲山

巣雲山《すくもやま》（標高五八一メートル）は、伊豆市と伊東市の境界をなす南北の稜線上、亀石峠の南二キロメートルほどの場所にある小さな火山である。この稜線に沿って走る伊豆スカイラインは、巣雲山の高まりを避けるように西に凸のカーブを描いている。

この稜線をつくる山々は、86頁で説明した宇佐美火山が浸食され残った部分にあたるため、不規則でぎざぎざした形をしているが、巣雲山だけは丸みを帯び、遠くからでも見分けがつく。これは、巣雲山が宇佐美火山よりもずっと新しい伊豆東部火山群の一火山であり、できた当時の原型を保っているからである。巣雲山が噴火してできたのは、前節で説明した遠笠山より少し新しい十三万一千年ほど前である。

巣雲山は、東西七百メートル、南北五百メートルほどの扁平《へんぺい》なドーム状の山体をもち、底面から山頂までの高さは百三十メートルほどである。大室山のように典型的なプリン状をしていないが、大室山と同じ「スコリア丘」と呼ばれる単成火山の仲間である。このことは、伊豆スカイラインぞいにある大きな崖で確かめられる。この崖は、道路をつくる時に巣雲山の北斜面の一部を切り崩して作られたものであり、スコリア丘の内部構造がよく観察できる。美しく層をなした赤褐色ないしは黄褐色のスコリア（暗い色をした軽石）は、火口からいったん空中に噴き上がったマグマのしぶきが、火口のまわりに降りつもったものである。巣雲山からは一筋の溶岩が北に向かって二百メートルほど流れ下っており、その先端を北側の谷間で見ることができる。

巣雲山から噴出した火山灰の分布を調べていくうちに、巣雲山の火山灰の上に、別の三枚の火山灰が直接重なることに気づいた。火山灰同士が直接重なるということは、それらが休止期間をはさまずに、ほぼ同時に噴火して降りつもったことを示す。つまり、巣雲山と同じ十三万一千年前に噴火した火山が、近くに三つあることがわかったのである。それらの正体を次節以降に語っていこう。

西側から見た巣雲山

伊豆スカイラインぞいの崖で見られる巣雲山火山の内部構造。スコリアと呼ばれる火山れきが美しい縞模様を見せている

44. 火山灰の追跡

巣雲山の火山灰の上に、別の三枚の火山灰が直接重なることから、巣雲山と同じ十三万一千年前に噴火した火山が三つあると前節で説明した。三枚の火山灰の内訳は、（A）巣雲山の火山灰の直上をおおうスコリアの層、（B）そのスコリア層の最上部にはさまれる薄くて青白い色をした軽石層、（C）さらにそれらすべてをおおう茶色い縞々の火山灰層である。これらは、いったいどこの火山から噴出したものだろうか？

ある火山灰を噴出した火山がどこにあるかをさぐるためには、一ヶ所だけを見ていてはダメで、広い範囲にわたって同じ火山灰を追跡し、その厚さや粒の大小を調べる必要がある。それが空から降ってきた火山灰であれば、それを噴出した火山に近い場所ほど厚くなり、含まれる粒のサイズも大きくなるのが普通である。火口に近い場所ほど降る量が多い上に、大きい粒ほど遠くまで移動できずに火口の近くに落ちてくるからである。また、火口のきわめて近くであれば大きな火山弾が飛んでくる場合もあるので、逆に火山弾が見つかれば、その場所が火口の近くであると判断できる。

注意深い調査の結果、上の（A）のスコリア層と（C）の火山灰層を噴出した火山は、それぞれ伊豆の国市の宇佐美—大仁道路ぞいにある高塚山火山と長者原《ちょうじゃがはら》火山であることがわかった。両火山とも伊豆東部火山群の一員であり、次節以降に詳しく説明する。

（B）の青白い軽石層は、調査範囲のどこでも厚さが二十センチメートル以内と薄く、粒の大きさもほぼ同じであった。これは、この軽石層が、伊豆東部火山群の外から飛んできたことを意味する。実は、この軽石層は神奈川県平塚市付近でも同じものが見つかっており、ＫｌＰ４（ケイ・エル・ピー・フォー）と記号で呼ばれている。伊豆東部火山群や箱根火山の噴出物には含まれない角閃石《かくせんせき》と呼ばれる鉱物が含まれており、ＫｌＰ４を噴出した火山の正体はいまだに不明である。愛鷹山か、あるいは富士山の下にあった古い火山かもしれないが、明確なことはまだわからない。

高塚山スコリア層の最上部にはさまれる青白い軽石層（ＫｌＰ４）。ここでの厚さは20センチメートル。伊豆の国市高塚山

縞々が特徴的な長者原火山の火山灰

45. 高塚山

高塚山（標高三六九メートル）は、伊豆東部火山群の中で最北端に位置する火山である。宇佐美―大仁道路を大仁側から入って東に四キロメートルほど進んだ地点から、さらに一キロメートルほど北の台地上にある。

高塚山は、東西七百メートル、南北五百メートルの扁平なドーム状の火山で、底からの高さは七十メートルほどである。噴火の際にあふれ出した溶岩流が、北と南に数百メートル流れ下っている。前節と106頁で説明した通り、高塚山から噴出した火山灰が巣雲山の火山灰を直接おおうことから、高塚山の噴火年代は、巣雲山とほぼ同じ十三万一千年前であることがわかる。

高塚山の南半分は、かつて大仁町営の採石場として切り崩され、現在では元の山体の北半分だけが残っている。今は草木が茂って見えにくくなったが、採石場跡地の崖では、火山体の内部構造がよく観察できた。

その西端には、多数の火山弾をふくむ縞々の地層が見られ、マグマと地下水が触れあって激しい爆発をしてできたものとわかる。そして、その地層をすっぽりとおおう形で、赤色ないしは黒色のスコリアが厚く降りつもっている。

つまり、高塚山をつくったマグマは、最初に地下水とふれあって爆発的な噴火を起こし、地下水が涸《か》れた後は溶岩のしぶきを噴水のように噴き上げ、火口のまわりにスコリアを積もらせたことがわかる。これらのスコリアは、山体の中央部では火口付近の高熱によって赤く焼かれており、その一部は溶けて

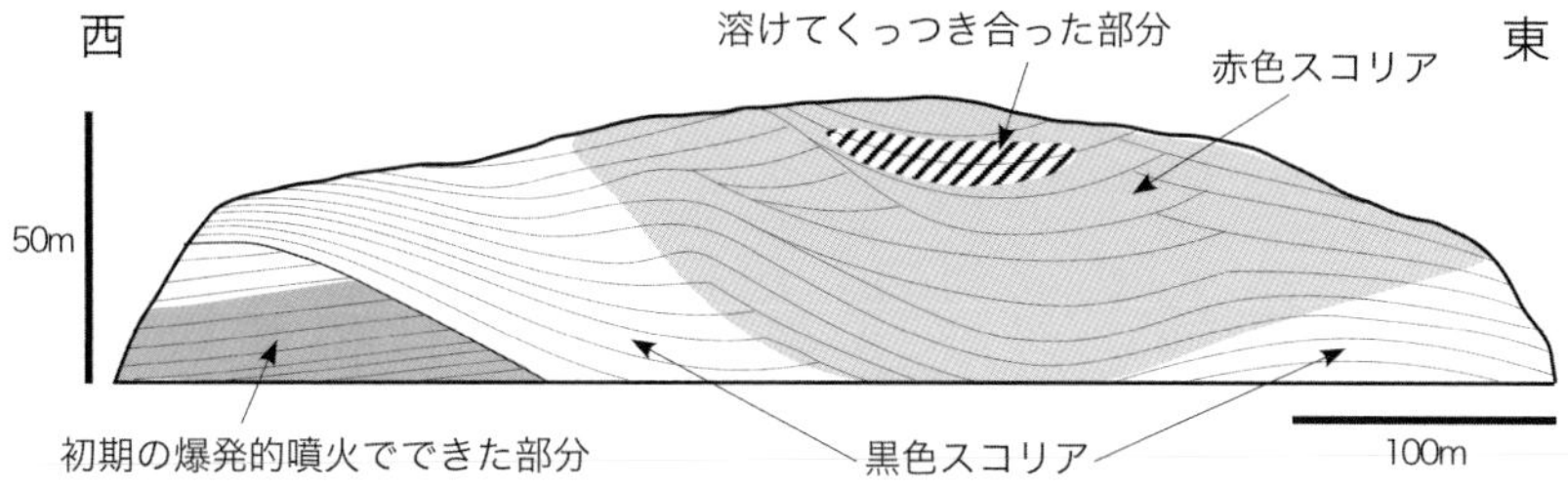

高塚山の崖全体の見取り図。火山の内部構造が直接観察できる

くっつき合っている。

　ふつう私たちが火山の内部を直接見ることは不可能であるが、小さな火山で、しかも採石場という特殊事情があったために高塚山ではそれが可能となり、貴重な学術成果がもたらされた。そうした意味で、今も残る高塚山の採石場跡の崖は、伊豆の国市にとって天然記念物級の貴重な財産なのである。

高塚山の崖の一部。初期の爆発的噴火によってできた見事な地層

46. 火山公園になった採石場

伊豆東部火山群のひとつである伊豆の国市の高塚山の採石場跡が、火山の内部構造を肉眼で観察できる貴重な場所であると前節で述べた。

高塚山では、スコリアと呼ばれる岩石を採石していた。スコリアは、マグマのしぶきが冷え固まってできる、気泡の多い軽石状の小石のことである。軽石との違いは、軽石が白色や黄色など色が明るいのに対し、スコリアは黒色や赤褐色など色が暗いことである。スコリアは、コンクリートに混ぜる骨材《こつざい》として有用な資源であるため、あちこちの火山で採掘されている。

スコリアが大量に採掘できる場所は、当然のことながらスコリアが積み重なってできた「スコリア丘」と呼ばれる火山体であり、伊豆東部火山群では高塚山の他に伊豆市の船原火山（142頁）や東伊豆町の堰口火山（170頁）などにも採石場が作られており、やはり内部構造がよく観察できる。

このような状況は、国外も例外ではない。フランスやドイツなどには伊豆東部火山群とよく似た小火山群があり、やはりスコリア丘を切り崩した採石場がつくられている。

このうち、フランス中部のクレルモン・フェラン市の郊外には、三万年ほど前に噴火してできたピュイ・ド・ロンテジーと呼ばれるスコリア丘があり、その大半を切り崩した採石場跡がある。やはり火山のみごとな内部構造が観察できる特徴を利用し、この跡地は今では立派な公園として整備され、多くの観光客が訪れている。その名もフランス語で「ヴォルカン・ア・シエル・ウヴェール（空に開かれた火山）」、つまり「火山のオープンエア・ミュージアム」である。

日本の採石場の多くは採石終了後に捨て置かれているが、実は素晴らしい地層観察地である例が多く、非常にもったいない話なのである。高塚山も跡地の荒廃による環境悪化や災害が心配されたらしいが、伊豆の国市にとっては宝の持ちぐされである。ぜひ国の天然記念物の指定を受けた上で、火山公園としての整備を考えてほしいと思う。

フランス中部にある「火山のオープンエア・ミュージアム」の看板。火山の断面図が描かれている

「火山のオープンエア・ミュージアム」の崖の前には、このような美しい解説看板がいくつも立てられ、観光シーズンにはガイドが案内してくれる。資料館やミュージアムショップも併設された、魅力的な施設である

47. 長者原

伊豆の国市を走る宇佐美‐大仁道路に沿って、田原野《たわらの》や長者原の地名を見つけることができる。地学の心得が多少ある者なら、この付近の道路ぞいの崖に、大きな火山弾を多数含む厚い地層を容易に発見できるだろう。この種の地層は「爆発角《かく》れき岩」と呼ばれ、付近で激しい火山爆発があったことを意味する。

この地層を遠方へと追跡していくと、細かい縞々の入った褐色火山灰に変化し、110頁で説明した高塚山の火山灰の上を直接おおっていることがわかった。つまり、高塚山と同じ十三万一千年前に噴火した別の火山が、田原野あるいは長者原付近のどこかにあったのである。具体的な火口の位置はどこなのだろうか?

この火口探しの作業は少し難航した。最初はサイクルスポーツセンターのある丘が怪しいとにらんで「田原野火山」と命名し、一九九二年秋に伊東市で開催された日本火山学会で報告した。しかし、その後の航空写真の分析結果から、その東側にある長者原盆地が直径七百メートルほどの大きな火口であるとわかったため、「長者原火山」と改名して論文を発表した。

いずれにしろ、これまで知られていなかった火山がひとつ、伊豆東部火山群の仲間に加わったわけである。

最初に長者原盆地を火口候補として見落としたことには理由があって、付近には田原野盆地、浮橋《うきはし》盆地、丹那盆地などの、よく似た盆地が多数あるためである。これらの盆地は、一九三〇年北伊豆地震を起こした丹那断層や、それと一連の活断層群がつくった地形であることが知られていた。このため、当初は長者原盆地も活断層がつくった地形だろうという先入観があったのである。

長者原火山の爆発性は、伊豆東部火山群の中でも屈指のものであり、その火山灰は伊豆半島の広い範囲にまき散らされ、その厚さは宇佐美—大仁道路ぞいの広い範囲で一メートル以上、伊豆市冷川から天城高原に行く途中の国民宿舎中伊豆荘の付近でも十センチメートルある。

東側上空から見た巣雲山スコリア丘と長者原マール

長者原火山から放出された火山弾。同じ火山から噴出して降りつもった火山灰の地層中につきささっている。地層の変形のしかたから、この火山が東から飛んできたことがわかる。実際に、この場所の東２キロメートルに長者原盆地がある

48. 火山列の意味

ここまで伊豆東部火山群に属する高塚山、長者原、巣雲山の三つの火山が、あいついで同時期に噴火したことを述べてきた。これら三つの火山は、北西―南東方向に一列に並んでいる。

伊豆東部火山群に限らず、小さな火山や火口が一直線に並んで火山列（あるいは火口列）をつくる例が、あちこちで見られる。たとえば、伊豆大島の一九八六年噴火では、三原山の山頂付近から北西山腹にかけて二十個ほどの火口が開き、みごとな火口列を形成した。

こうした火口列の直下には板状の割れ目があり、その割れ目に沿ってマグマが上昇して噴火を起こしたことが、さまざまな観測事実からわかっている。実際に、そうした火口の内側に、マグマが板状に冷え固まった「岩脈《がんみゃく》」が観察できる例もある。マグマの通り道として円筒状のトンネルを想像する人が多いと思うが、実はそのような円筒状の通り道は、富士山の山頂火口など、長期間にわたって何度も噴火をくりかえした場所の地下にしか存在しない。

それ以外の場所に開くマグマの通り道は、ほぼ例外なく板状をしており、それが地上に達したいくつかの地点で噴火が起き、結果として火山列（あるいは火口列）を形成する。これは、マグマにとって板状の割れ目をつくる方が、円筒状のトンネルを掘るより、はるかに仕事量が少なくて楽なためである。

その場合の割れ目は、もっとも容易に開くことができる方向を見つけて開く。伊豆半島は、北西に進むフィリピン海プレートの運動によって本州に押しつけられ、地殻には北西―南東方向の強い力がかかっている。マグマにとっては、この方向に沿って伸びる板状の割れ目をつくり、それと直交する方向

（つまり、北東―南西方向）に向かって地殻を押し広げることが最も楽である。こうした事情によって、伊豆東部火山群の火山列は、北西―南東方向に伸びたものが多いのである。

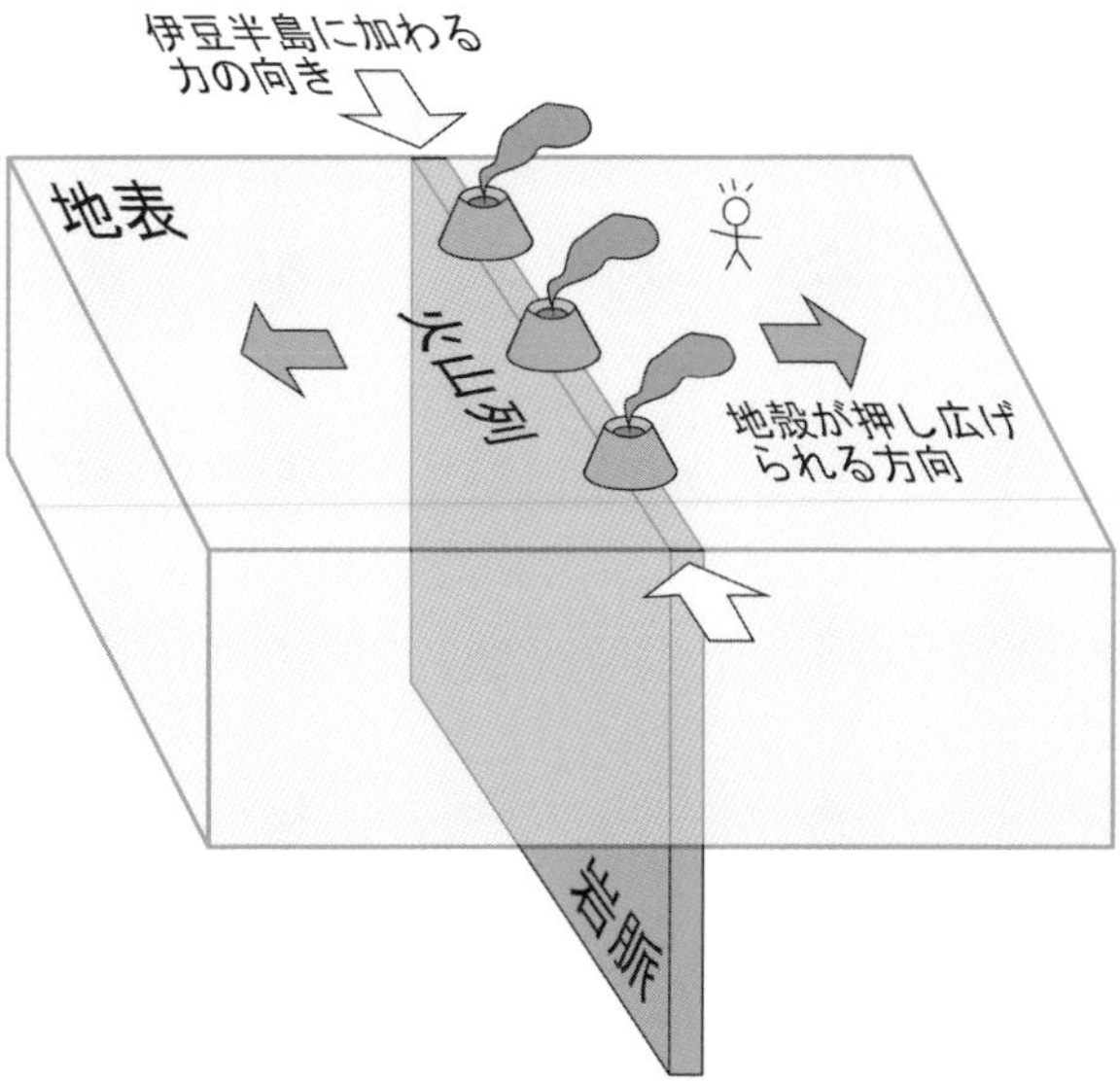

火山列と岩脈の関係。岩脈は、板状のマグマの通り道である。地殻に加わる力の向きとの関係も描いた

富士山の宝永火口の内壁に見られる岩脈の群れ。伊豆東部火山群の火山列の下にも、このような岩脈があると考えられている

49. 日向

伊豆箱根鉄道の修善寺駅の南南東に、狩野川とその支流である大見川にはさまれた丘陵がある。88頁で述べたように、この丘陵は、かつての陸上大型火山である天子《てんし》火山が浸食を受けたものであり、その北部には火山特有のなだらかな地形が残されている。ゴルフ場の「修善寺カントリークラブ」は、この地形をうまく利用して作られている。

このゴルフ場近くの道路ぞいの崖に、意外なものが見つかった。それは、前々節の長者原火山のところでも説明した、大きな火山弾を多数含む厚い「爆発角れき岩」の地層である。このことは近くに爆発的な噴火をした火口があったことを意味するが、これまでそのような火口の存在は知られていなかった。

爆発角れき岩の地層が見つかった場所は、長者原火山の火口から九キロメートルも南西に離れているので、同火山の噴出物と考えることには無理がある。付近をよく調べると、長者原火山から飛んできた火山灰の層を、この地層の少し下に見つけることができた。やはり、問題の地層は、別の火山の噴出物だったのだ。

つまり、長者原火山を発見した時と同様に、伊豆東部火山群の火山を、もうひとつ新たに発見できたわけである。付近の地名にもとづいて、この火山を「日向《ひなた》火山」と命名した。他の火山灰との関係を考慮すると、日向火山は、長者原火山よりも少し新しい十二万九千年前に噴火したことがわかった。

長者原火山の時は、苦労しながらも長者原盆地を火口として特定することができたが、日向火山の火口の正確な位置は今でも不明である。付近には早霧《さぎり》湖と呼ばれる小さな湖があるが、谷をダムでせき止めて作った人造湖である。早霧湖の南に直径五百メートルほどの怪しい凹地があるが、その西の縁には活断層が通っているため、活断層の活動によってできた凹地のようにも見える。付近には複数の活断層があり、一九三〇年北伊豆地震の際にも動いたことが知られている。おそらく、こうした活断層の活動と浸食とが重なって、日向火山の元の地形がわかりにくくなったと思われる。

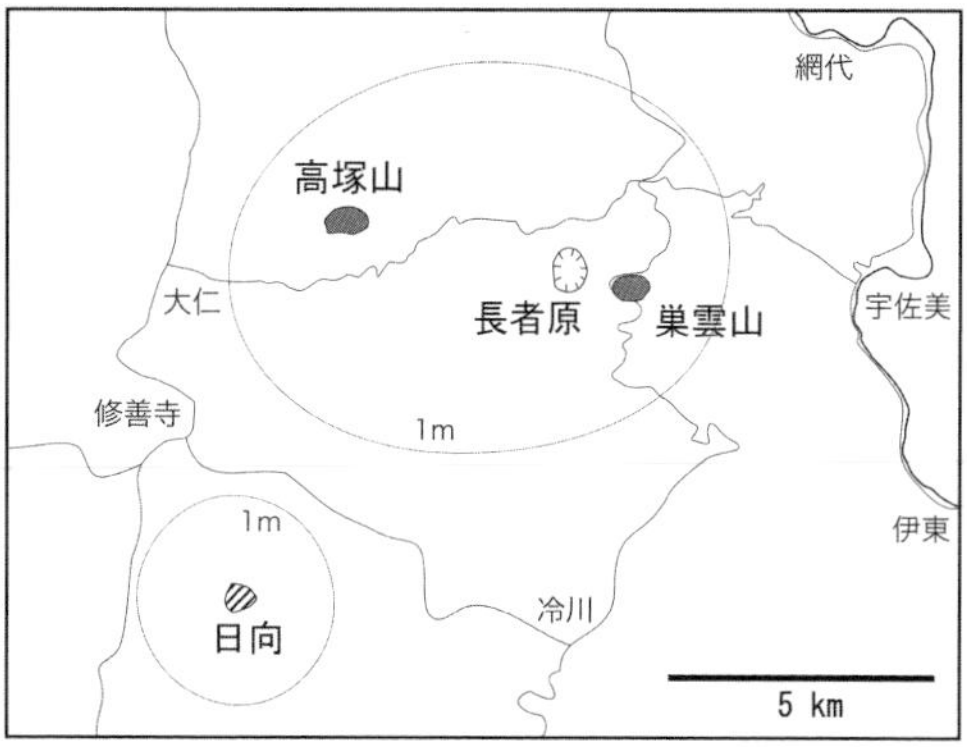

高塚山・長者原・巣雲山の3火山と、日向火山の位置関係。「1m」と書かれた2つの楕円は、長者原火山と日向火山が噴出した火山灰の厚さが1メートル以上ある範囲を示す。細い曲線は主要な道路

日向火山から噴出した爆発角れき岩（崖の上半分）

50. 箱根から来た軽石と火山灰

箱根山は、伊豆半島の北に隣接する活火山である。五十万年以上前から噴火を始め、とくに二十万年前から四万年前の間は、軽石や火山灰の雨を降らせたり、規模の大きい火砕流を噴出するなどの爆発的な噴火をくり返した。

こうした噴出物の多くは、噴煙とともにいったん空高く舞い上がるため、偏西風に乗って東に流れ、風下にあたる神奈川県下に厚く降りつもっている。幸いにして、伊豆半島は箱根山の南方に位置するため、まれに北よりの風が吹いた時にのみ、箱根山から噴出した軽石や火山灰が降りつもった。

そうした軽石や火山灰の地層が伊豆半島で十数枚発見されており、そのうちの八枚は伊豆東部火山群の分布範囲の中にある。それらは、時代の古いものから順に、大仁黄色第1軽石（十二万八千年前）、Da（ディー・エイ）-1軽石（十二万五千年前）、大仁黄色第2軽石（十一万七千年前）、大仁ピンク軽石（十一万年前）、Da-4軽石（十万年前）、Da-5軽石（八万八千年前）、TPfl（ティー・ピー・エフ・エル）火山灰（六万六千年前）、三島軽石（五万二千年前）と呼ばれている。特定の地名が付けられたものもあれば、記号で呼ばれるものもある。いずれも黄色、オレンジ色、ピンク色などの明るい色調をもち、他の火山灰と容易に区別することができる。

とくに、このうちのDa-1軽石、Da-4軽石、Da-5軽石、TPfl火山灰の四枚は、分布範囲が広いために伊豆の国市・伊豆市・伊東市などのあちこちで見つかる。このため、伊豆東部火山群の各火山を起源とする火山灰との上下関係がつかみやすく、それらの噴火年代を決める基準として利用することができた。たとえば、前節で述べた日向火山から噴出した火山灰は、Da-1軽石のすぐ下にあるため、その噴火年代を十二万九千年前と割り出せたのである。

四万年ほど前になると、箱根山の爆発的な噴火活動は衰え、溶岩ドームをつくる噴火が主体となったため、伊豆にまで軽石や火山灰を降りつもらせることはなくなった。

伊豆の国市大仁付近の崖に見られる地層。明るい色をした縞の１枚１枚が、箱根山の噴火によって伊豆に降りつもった軽石や火山灰の層である

伊豆の国市田原野付近の崖に見られる箱根火山起源の軽石層

51. 丸野山

伊豆スカイラインは、かつての陸上大型火山のうちの湯河原・多賀・宇佐美・天城の四火山がつくった山々の稜線に沿って、北は熱海峠から南は天城高原まで、直線距離でほぼ南北二十五キロメートルを信号なしで走破できる快適な道路である。この道路は伊豆市冷川付近でいったん谷底に降りるが、さらに南下すると再び上り坂となり、やがて標高四〇〇〜五五〇メートルほどの広々とした台地の上を終点の天城高原まで通じている。

この台地は、天城山から数十万年前に噴出した分厚い溶岩流の上面にあたる地形であり、丸野山《まるのやま》高原あるいは丸野高原などと呼ばれている。その美しい景色や平坦な地形を利用して、国民宿舎中伊豆荘や中伊豆グリーンクラブゴルフ場などが作られている。この高原上の一角に、高原の名前の元となった丸野山（標高六九七メートル）がある。

丸野山も伊豆東部火山群の一員であり、できかたは伊豆高原の大室山などと同じで、溶岩のしぶきが火口のまわりに降りつもってできた「スコリア丘」と呼ばれる種類の火山である。四千年前にできた大室山よりも相当古いために少し形が乱れているが、少し遠方から見れば、丸野山もスコリア丘特有のプリン形をしていることがわかる。プリンの底は東西に延びた楕円形をしており、東西方向の直径は約八百メートルで大室山に匹敵するが、高さは百四十メートルほどで大室山の約半分である。

丸野山の噴火で降りつもった火山灰の地層は、丸野山高原や伊東市南部を含む広い範囲で見つけることができ、前節で述べた箱根山起源のDa-4軽石層の少し下にある。このことから、丸野山が十万三千年ほど前に噴火したことがわかった。

丸野山の北のふもとからは溶岩流が流れ出しており、その一部は伊豆スカイラインを越え、中伊豆荘の南で丸野山高原からこぼれ落ち、大見川の支流である菅《すげ》引《ひき》川の岸にまで達している。

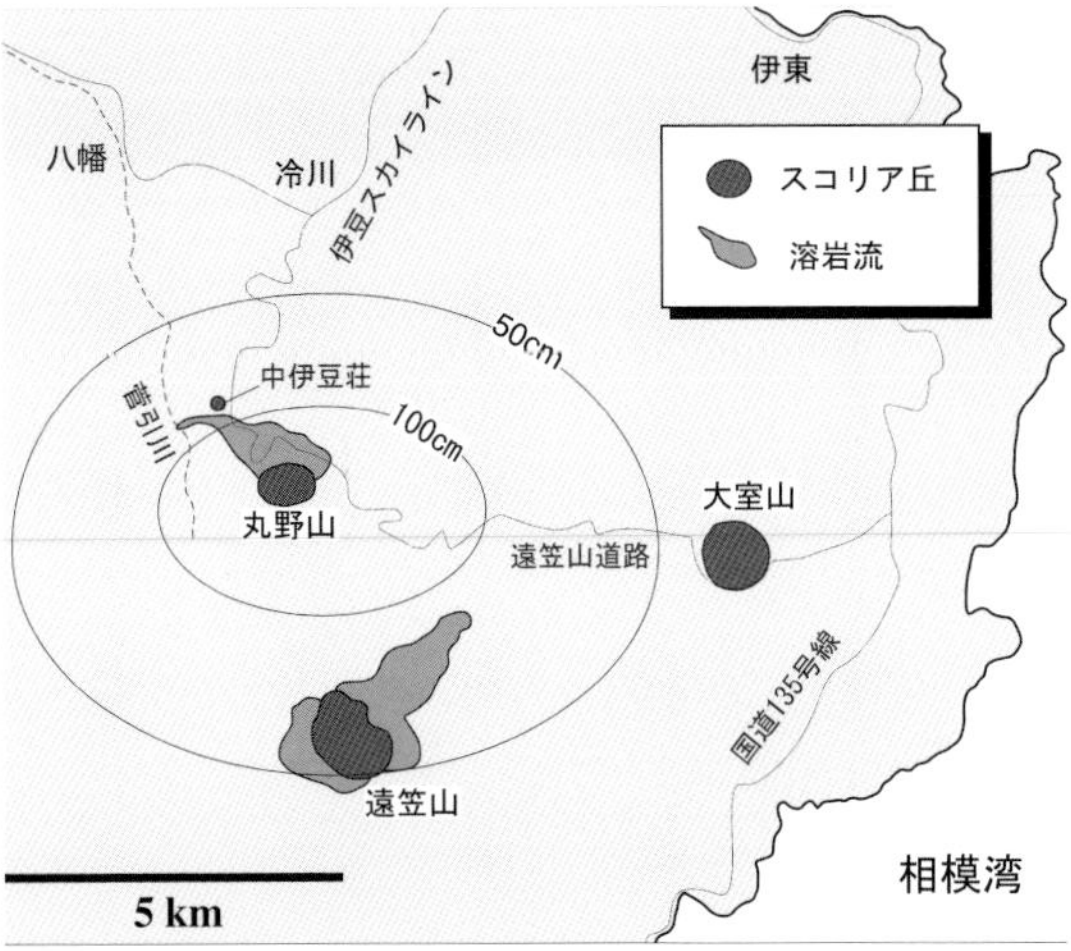

丸野山とその周辺の地図。2つの楕円は、丸野山の噴火で降りつもった火山灰の厚さがそれぞれ50センチメートルと100センチメートルの範囲を示す。位置関係がわかるように遠笠山と大室山も示した

北から見た丸野山

第七章
伊豆東部火山群の時代
10万〜5万年前

52. 一碧湖と沼池

一碧湖《いっぺきこ》は、伊東温泉街と大室山の間の高原地帯にある直径六百メートルほどの円形をした美しい湖であり、もとは「吉田の大池」と呼ばれていた。地形をよく見ると、一碧湖の南東に隣接して、ほぼ同じ大きさの円形の凹地がある。この凹地の北西部も小さな湖になっていて、細い水路で一碧湖とつながっている（口絵2下）。

この二つの凹地は、爆発的な噴火によってできた火口の跡である。その証拠に、凹地の端は切り立った崖となっている場所が多く、そこには火山弾を多数含む厚い「爆発角《かく》れき岩」の地層を見ることができる。火山の名称としては、北西側が「一碧湖」、南東側が「沼池」（東大池）である。両者は、場所が隣り合わせであることと噴火時期の差が認められないことから、同時に噴火してできた双子の火山と考えられる。

ただし、火山と言っても火口跡の凹地のほかに目立った地形はない。このような種類の火山は、ドイツ語を語源とする言葉で「マール」と呼ばれている。マールの仲間は世界中にたくさんある。日本では、伊豆大島の波浮港《はぶのみなと》や、男鹿半島の一の目潟《めがた》、北海道の羊蹄山のふもとにある半月湖などが、その例である。凹地内に水がたまって湖や入江になっているものもあれば、干上がって凹地だけが残っているものもある。

調査を進めるうちに、驚くべき事実が明らかになった。最初に述べた爆発角れき岩の中に、特徴的なオレンジ色をした厚さ四十センチメートルほどの軽石層がはさまれているのを見つけたのだ。120頁で述べた箱根山起源のDa-4軽石である。このことは、一碧湖と沼池が噴火している最中に、箱根山でも大噴火が起きたことを意味する。地学的な意味での激動の時代である。また、逆にこの事実から、一碧湖と沼池の噴火年代が、Da-4軽石と同じ十万年前であるとわかった。

一碧湖の西端と沼池の南端は、その後四千年前に大室山から噴出して北へと流れてきた溶岩流によって一部が埋め立てられた。一碧湖の西端にある「十二連島《れんとう》」と呼ばれる小さな島の連なりは、湖に流れこんだ大室山の溶岩流がつくった地形である。

空から見た一碧湖と沼池。一碧湖の西岸に十二連島が見える

一碧湖の噴火によって周囲に降り積もった爆発角れき岩

53. 梅木平

一碧湖の南東に「梅木平《うめのきだいら》」と呼ばれる高台がある。地形図を見ると、不明瞭ながらも北西に開いたU字形をした丘の連なりがあり、最高点の標高は二九七メートルである。この丘の周囲には、火山弾を多数含む爆発角れき岩が見られ、この丘が爆発的な噴火によってできた火山と確認できる。この火山は、その地名から「梅木平火山」と呼ばれている。

伊東温泉街から国道135号線を南下すると、吉田の盆地を過ぎたあたりで上り坂となった道路は、梅木平火山の火口の北東縁を乗り越えて火口の中に入る。そして、ぐるりと火口原《かこうげん》を走った後に、今度は南西端を越えて火口の外に出る。信号に「梅ノ木平」と表示された交差点は、ちょうど火口の南西端に位置する。火口の直径は八百メートルほどである。

梅木平火山をつくった爆発的噴火の性質は、前節で述べた一碧湖や沼池火山をつくった噴火と同じで、マグマが大量の地下水と触れあって起こした「水蒸気マグマ噴火」と呼ばれるものである。ただし、一碧湖と沼池が火口以外に目立った地形のない「マール」と呼ばれる種類の火山であるのに対し、梅木平は大きな火口のまわりにリング状の山体の高まりを確認できる。

このような火山は「タフリング」と呼ばれており、マールと同じく、世界中に多くの仲間が存在する。「タフ」は、火山灰などが固まってできた凝灰岩《ぎょうかいがん》を表す英語である。リング状の山体の一部が目立たない場合もあり、梅木平火山のようにU字形や、三日月形になることもある。おそらく世界でもっとも有名なタフリングは、ハワイのワイキキビーチの南東にある「ダイヤモンドヘッド」であろう。空から見るとリング状の山体が、まるでダイヤの指輪のようである。

梅木平火山から噴出した爆発角れき岩の中にも、一碧湖や沼池火山と同じく、箱根山起源のDa-4軽石がはさまっている。このことは、梅木平火山が、十万年前に隣の一碧湖や沼池火山と同時に噴火してできたことを意味する。

梅木平火山は、噴火の末期に大量の溶岩流も噴出した。この溶岩流は主に東に流れて相模湾に入り、伊東市の土地をずいぶんと増やした。川奈ゴルフ場の南半分や、その南に広がる三野原《さんのはら》の台地がそうである。

北側上空から見た梅木平火山

大室山の山頂から見た小室山と梅木平。左側の丸い山が小室山、写真の右半分を占める平らな丘が梅木平である

54. 門野と荻

前節までに伊東温泉街の南方にある一碧湖、沼池、梅木平の三火山を紹介し、それらが十万年前に同時噴火したことを前節まで説明した。これら三火山は、北西―南東方向に列をなしているように見える。

一碧湖の北西に目を転じると、そこにも火山がつくった地形や噴出物が複雑に折り重なる場所がある。詳しい現地調査の結果、さらに二つの火山の姿を明らかにすることができた。

まず誰もが気づくのは、城山《しろやま》の東から伊東市鎌田《かまだ》付近にかけての伊東大川の右岸（東側）にある、厚さ五十メートルを超える溶岩台地である。この溶岩が流れる前の大川の谷間は、もっと広々としていたと思われる。この溶岩を噴出したのが門野《かどの》火山である。

別荘地「かどの台」の西半分が位置する三日月形の丘（最高点の標高二一七メートル）が、おそらく門野火山の山体の一部を占めるタフリングである。タフリングは、前節でも説明したが、マグマと大量の地下水が出会うことによって発生する爆発的な噴火によってできたリング状ないしは円弧状の山体である。この丘の西側にあった火口から、噴火末期に大量の溶岩があふれ出して、大川の谷間を埋めたのだろう。

門野火山の南東に隣接して、荻《おぎ》火山がある。伊東市荻から一碧湖方面に向かう道路の北側にある三日月形の丘が、やはりタフリングの一部と考えられる。同じタフリングの一部と思われる丘が、その北方の荻別荘地付近にもある。この両者の間にあった直径七百メートルの火口を埋めた厚い溶岩の上に、荻別荘地の南東部分が位置しているとみられる。

門野・荻の二火山に、すでに述べた一碧湖・沼池・梅木平の三火山を加えた五火山は、北西―南東方向の火山列をなしており、116頁で説明した高塚山・長者原・巣雲山の三火山がつくる火山列と同様、同じ割れ目上に同時に噴火してできた火山列と考えられる。五火山のすべてが爆発的噴火をしたため、その火山灰は伊豆東部の広い範囲に降りつもっており、その厚さは大室山西側の「さくらの里」付近でも五十センチメートル以上ある。

伊東大川ぞいのホームセンター（カインズホーム伊東店）を取り巻く高さ150メートルの崖は、門野火山の火口を埋めた分厚い溶岩流からできている

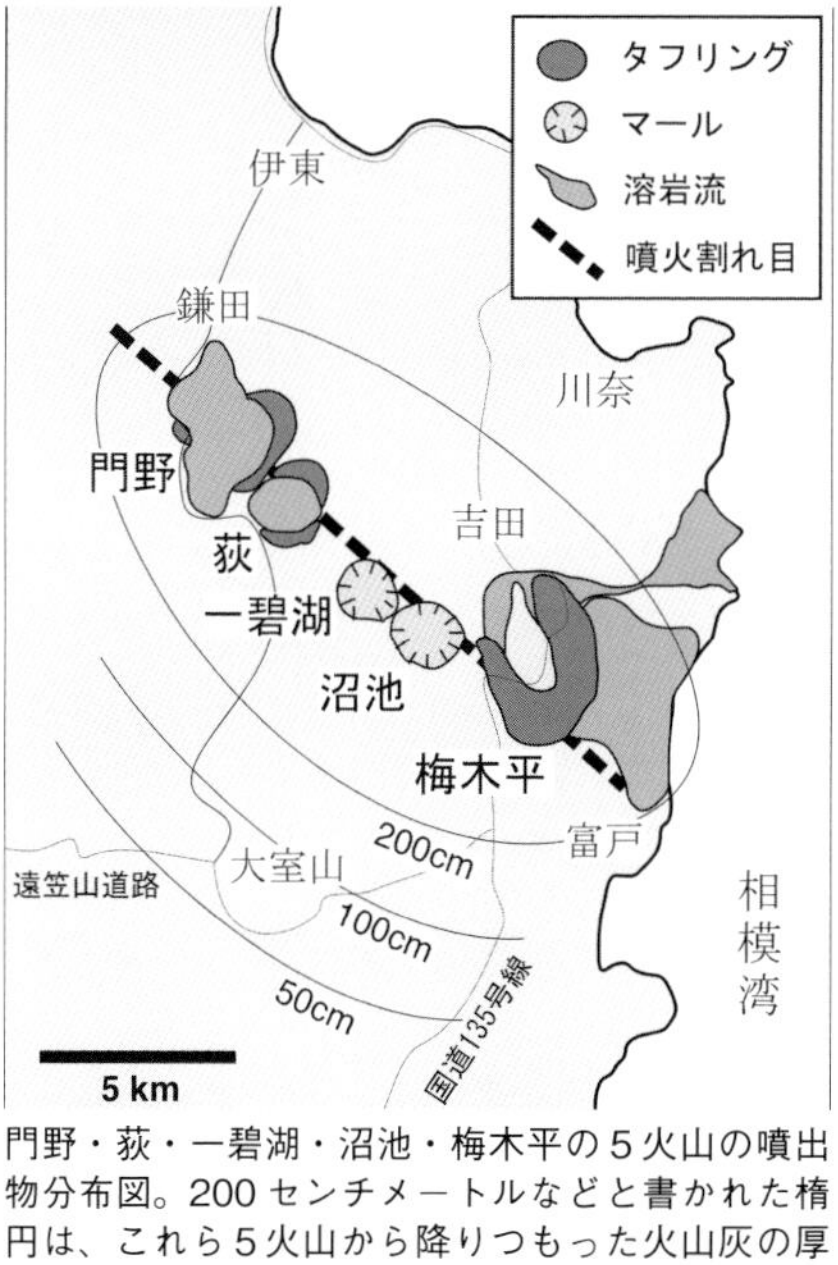

門野・荻・一碧湖・沼池・梅木平の５火山の噴出物分布図。200センチメートルなどと書かれた楕円は、これら５火山から降りつもった火山灰の厚さ分布を示す

55．九州から来た火山灰（上）　鬼界カルデラ

本書の120頁で、箱根山の噴火で放出された軽石や火山灰が伊豆でも多数見つかったことを述べた。しかし驚くなかれ、箱根どころではない、もっと遠くの火山から飛んできた軽石や火山灰が、少量ながら伊豆で発見されているのである。

まず、長野県・岐阜県境にある御岳山（標高三、〇六七メートル）の九万六千年前の大噴火で降りつもった御岳第1軽石を、伊豆の国市の浮橋《うきはし》付近の崖で見つけることができた。同じ崖には箱根から飛んできたDa-4軽石層があり、その二センチメートル上に斑点状に入っていた小さな軽石を分析した結果、御岳第1軽石と確認できたのである。

さらに、この軽石の二十五センチメートル上に、黄白色をした細かな火山灰が点々と入っていることに気づいた。明るい色をした細粒の火山灰という特徴は、遠方の火山から飛んできたことを示すものである。明るい色は、伊豆東部火山群の火山灰としては珍しい色であり、さらに火山灰の粒は火山から遠く離れるほど細かくなるから、細かさの程度で火口からのおおよその距離がわかる。

御岳よりも遠方にあり、日本の広い範囲に火山灰をまき散らす爆発的な噴火をした火山は、鳥取県の大山《だいせん》、島根県の三瓶山《さんべさん》、そして九州とその近海にある火山などに限られている。こうした火山灰は、その特徴・分布や噴火年代がよく調べられ、詳しいカタログが作成されている。逆に、これらの火山灰が見つかれば、その地域の地層の年代を決める手がかりとなる。

伊豆の国市の崖から見つかった黄白色の細粒火山灰の特徴をカタログとつき合わせたところ、鹿児島

県の南沖にある海底火山の「鬼界カルデラ」が九万二千年前に噴出した鬼界葛原《とづらはら》火山灰と判明した。鬼界カルデラの名前の由来は、カルデラの縁にある火山島「薩摩硫黄島」の古名が鬼界ヶ島であることに由来する。鬼界ヶ島は、平家物語の登場人物のひとりである俊寛《しゅんかん》が、平氏打倒の陰謀の罪を問われて流された島としても有名である。なお、鬼界葛原火山灰は、伊東市荻付近の崖からも見つかっている。

御岳第1軽石と鬼界葛原火山灰の分布。それぞれが厚さ10センチメートル以上と2センチメートル以上降りつもった範囲を示した。町田洋と新井房夫による研究結果にもとづく

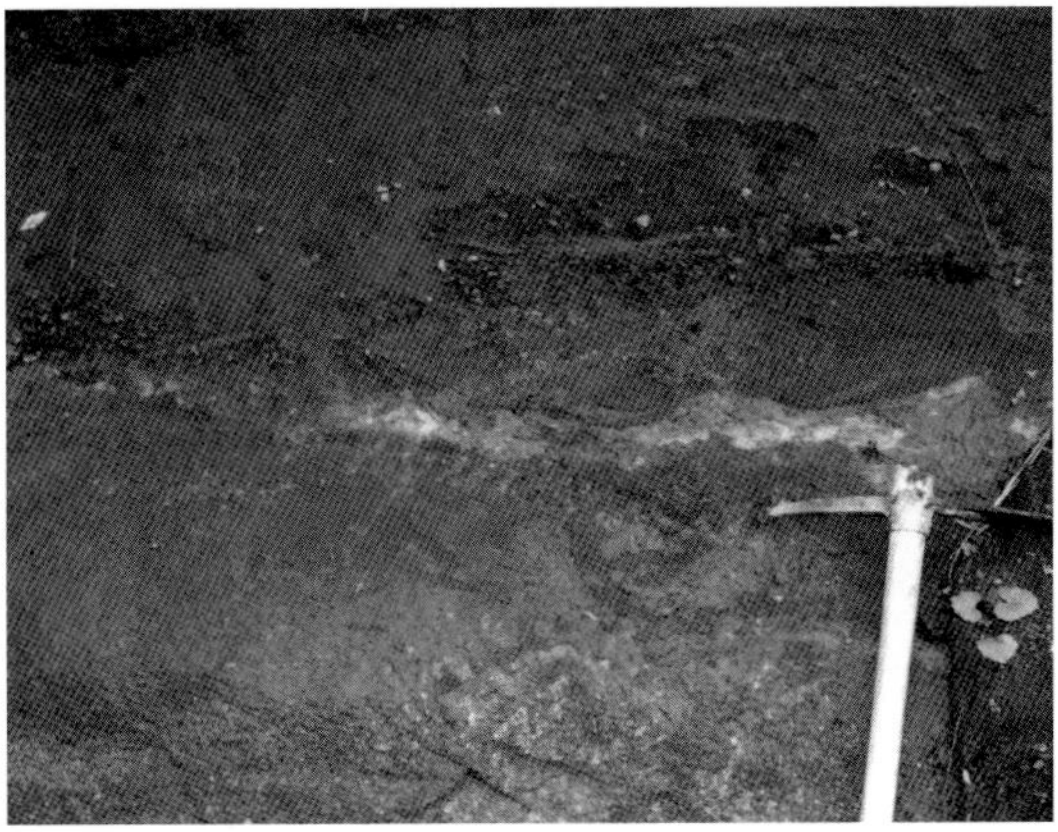
富士山の東麓（駿東郡小山町内）で見つかった阿蘇山のAso-4火山灰（つるはしの上の白い層）。この近くの崖で鬼界葛原火山灰も見つかった

56. 九州から来た火山灰(中) 破局噴火

九州やその近海にある火山から噴出した火山灰が、遠く伊豆にまで降りつもった話を前節で述べた。噴火で降りつもる火山灰の厚さは、ふつうは火口から離れるにつれて急激に減少する。たとえば、江戸時代の一七〇七年に起きた富士山の宝永噴火のさいに、火口から十キロメートル離れた駿東郡小山町須走《すばしり》付近につもった火山灰の厚さは約二メートルであったが、百キロメートル離れた千葉県中部での厚さは十センチメートルを下回る。九州から伊豆までは九百キロメートルほどの距離があるので、九州の火山が噴火しても伊豆にまで火山灰が降りつもることはほとんどない。

しかし、前節で紹介した鬼界葛原火山灰の厚さは、火口から五百キロメートル離れた場所でも二十センチメートルと厚い。降りつもる火山灰の厚さは、火山灰を運ぶ気流の向きや強さとも関係するが、おもには噴火によって放出された火山灰の量によって決まる。宝永噴火は、富士山が起こした噴火の中でも最大級の七億立方メートルのマグマが噴出した大噴火である。しかし、鬼界葛原火山灰を噴出した九万二千年前の鬼界カルデラの噴火は、おおざっぱに見積もって宝永噴火のおよそ百倍のマグマが噴出した途方もない巨大噴火なのだ。

こうした大量のマグマが一気に外に出てしまうと、空洞になった大きなマグマだまりの天井が陥没し、地表に円形や楕円形の巨大な凹地をつくることがある。こうした凹地は「カルデラ」と呼ばれ、その直径は数キロメートルのものから、中には百キロメートルを超えるものまである。日本のカルデラでは、九州の阿蘇山をとりまく阿蘇カルデラ（直径約二十五キロメートル）が有名であるが、鬼界カルデラもほぼ同じ大きさの海底カルデラである。

カルデラの陥没をともなう巨大噴火は、学術的には大規模カルデラ噴火などと呼ばれてきたが、最近では「破局的噴火」あるいは「破局噴火」という呼び方もある。破局噴火は、日本全体で見ると一万年間に一度程度しか起きていないが、いったん起きてしまったら日本どころか世界中に深刻な被害や影響をもたらしかねない規模と性質をもっている。

鹿児島県の大隅半島の崖に見られる鬼界葛原火山灰（K-Tzと書かれた白い地層）。ここでの厚さは約1メートル。上の方にあるATと書かれた白い地層は、2万8000年前に噴火した姶良（あいら）丹沢火山灰。この火山灰も伊豆で見つかっている（162頁参照）

富士山の東麓（御殿場市内）で見つかった姶良丹沢火山灰（中央の白い層）

57. 九州から来た火山灰(下)「死都日本」

九万二千年前に九州から遠く伊豆にまで火山灰を降りつもらせた鬼界カルデラの破局噴火。こうした噴火の発生にともなって、火口付近ではどんな現象が起きたのだろうか?

破局噴火にともなう現象として最も目立つのは、巨大な火砕流である。火砕流は、一九九〇年から始まった雲仙普賢岳の噴火で有名になった現象で、本来ならば上空に立ち上っていくはずの火山の噴煙が、何らかの理由で十分な浮力を得られないまま、地表をはうように流れ下る現象である。火砕流の実体は火山灰や小石まじりの高温のガスであり、自動車並みかそれ以上のスピードで流れるために避難が難しく、巻きこまれたら焼け死ぬ恐れのある非常に危険な現象である。

雲仙普賢岳で起きた個々の火砕流が一度に噴出したマグマの量は、多くても百万立方メートル程度であった。しかし、破局噴火では、その一万倍から十万倍にあたる百億から一千億立方メートルほどのマグマが一度に火砕流となって噴出する。火砕流の流れる距離は、雲仙普賢岳では長くても火口から四キロメートルほどであったが、破局噴火の場合は火口から百キロメートル以上にまで達した例も確認されている。実際に、八万七千年前に阿蘇カルデラで起きた破局噴火では、九州の北半分と山口県の一部が巨大な火砕流に焼きつくされ、そこにいた生物がほとんど死滅するという事態に至った。

前節でも述べたように、破局噴火は非常にまれな現象であり、日本全体で見ても一万年に一度程度しか起きていない。このため、その存在や実態は火山学者だけが知っていたと言ってもよい。しかし、最近になって作家の石黒耀《あきら》さんの手によって近未来の破局噴火をテーマとした小説「死都日本《しとにっぽん》」(講談社刊)

が書かれた。この小説では、南九州の霧島付近にある加《か》久《く》藤《とう》カルデラの巨大噴火が、まるで見てきたように生き生きと表現され、とてつもない災害への対応に追われる日本や他の国々の混乱ぶりがリアルに描かれている。

その後「死都日本」は漫画化され、週刊少年マガジン誌上で「カグツチ」というタイトルで連載され、単行本となっている。ぜひ一読をお勧めしたい。

雲仙普賢岳の噴火にともなって発生した火砕流（1991 年 11 月）。火砕流の中では最も小規模のものである

近未来の九州で起きる巨大噴火を描いた小説「死都日本」

58. 崖の高さが意味するもの

伊東市の南部にある城ヶ崎海岸は、およそ四千年前に噴火した大室山の溶岩流が相模湾に流れこみ、その一部を埋め立ててできた海岸である。大室山の噴火については後で詳しく述べるが、ここでは四千年前にできた海岸という点に注目してほしい。城ヶ崎海岸の崖の高さは、その総延長のすべてにわたって十から二十メートルであり、それより著しく高い場所はない。これは、まだ波浪による浸食が進んでいないためである。

一方、城ヶ崎海岸の北端付近から北をながめると、まず払《はらい》漁港から富戸《ふと》温泉街のある斜面までの海岸が百五十メートルもの高さの崖になっているのがわかる。その北に富戸温泉街の斜面が続くが、その端にある海岸の崖の高さは城ヶ崎海岸と同程度である。そして、富戸温泉街の北には、ふたたび高さ百メートルほどの崖が続く。つまり、これらの崖の高さには十倍ほどの開きがある。ほとんど同じ場所にあるのに、この高さの違いはいったい何を意味するのだろうか?

それは、火山の噴火年代の違いである。払漁港と富戸温泉街の間の崖や、富戸温泉街の北に続く崖も、噴火当時はずっと低かった。ただし、現在の位置よりも東の沖にあった。それが相模湾の荒波によって何万年も浸食を受けた結果、標高の高い内陸部分まで削りこまれ、現在のような高い崖となったのである。一方、富戸温泉街の斜面は城ヶ崎海岸と同じ大室山の溶岩でできているので、その崖の高さは低い。

富戸温泉街の北に続く崖をつくった溶岩流は、128頁で述べた梅木平火山が十万年前に噴出したものである。一方、払漁港と富戸温泉街の間の崖は、下部が古い天城火山の溶岩、上部が伊豆東部火山群の別の火山（タフリング）とその火口を埋めた溶岩流でできている。この火山は、払漁港にちなんで払火山と呼ばれている。梅木平火山より少し古いと思われるが、正確な噴火年代は不明である。

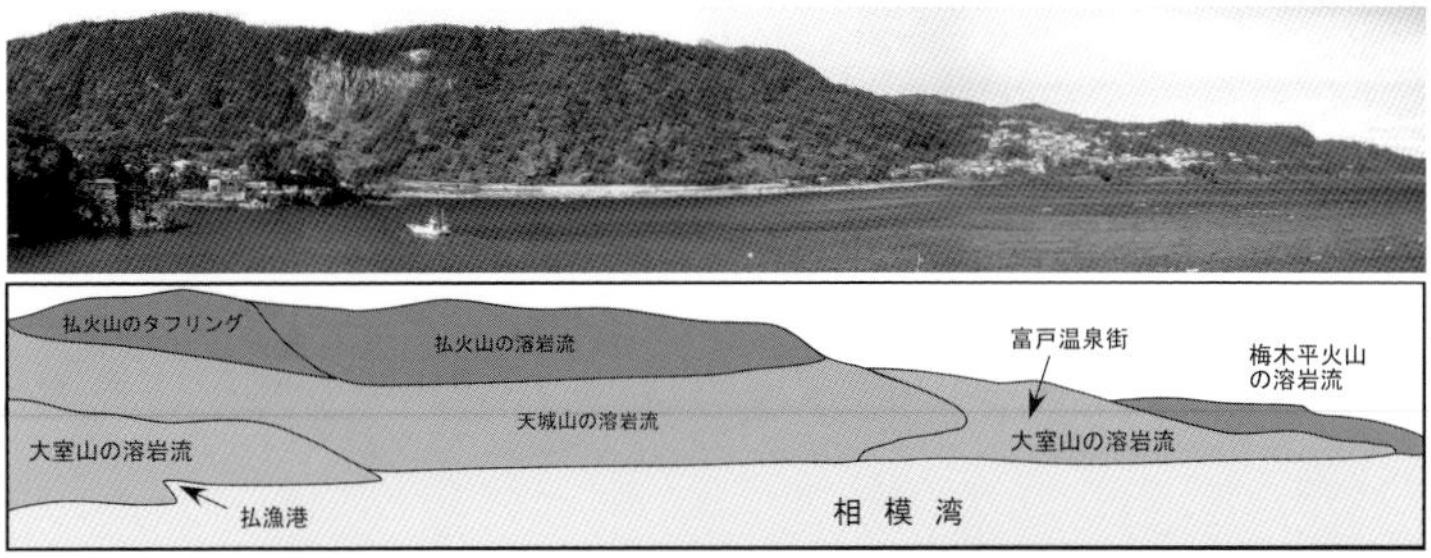

城ヶ崎海岸の北端付近から北をのぞんだ写真（上）とその説明スケッチ（下）。富戸温泉街の下にある大室山の溶岩流は，払火山と梅木平火山の両溶岩流の間にあった谷間を流れ下って相模湾に達し、扇を広げたような形の斜面（溶岩扇状地）を形づくったものである

写真上の付近を空から見たもの

59. 高室山

およそ四千年前の大室山の噴火によって流出した大量の溶岩流は、もとあった地形の凹凸をならし、なだらかな伊豆高原を誕生させた。しかし、伊豆高原の中にも、この溶岩流におおわれていない部分がいくつかある。こうした部分は、地形的に高かったために溶岩流が避けて通った場所であり、その多くは大室山よりも古い火山の一部である。

それらは、128頁以降で述べた梅木平・門野・荻の三火山、そして前節で述べた払火山などである。高室山《たかむろやま》も、そうした古い火山のひとつである。

高室山は、大室山の北東二キロメートルにある丘（標高三一〇メートル）で、国道135号線をはさんで梅木平火山のすぐ西隣にある。周囲の高原から六十メートルほどしか盛り上がっていないため、山として認識していない人も多いだろう。上から見ると、丸みをおびた三角形をしており、長辺の長さは七百メートルほどである。

丸みをおびた三角形は火山の形として似つかわしくないが、山頂の崖に火山弾をふくむ爆発角れき岩が見られることから、梅木平火山などと同種の火山（地下水とマグマが触れあって爆発的噴火を起こしてできたタフリング）と確認できる。おそらく浸食が進んだうえに、山体の一部が大室山の溶岩流に埋もれたため、元の形が失われたのだろう。

高室山の周囲には、高室山から噴出したとみられる火山灰を見つけることができる。この火山灰の直下から九州起源の鬼界葛原火山灰（九万二千年前、132頁）が見つかったことから、高室山の噴火年代をおよそ九万一千年前と推定できた。

ところで、ここで言う高室山は古くは「富戸高室」と呼ばれた山であり、もうひとつ別の「十足《とおたり》高室」と呼ばれた高室山がある。十足高室は、大室山の北北西一キロメートルの場所にある標高四一七メートルの丘である。大室山の溶岩流は、この丘を乗り越えられなかったため、丘の両側に分かれて流れた。十足高室が伊豆東部火山群の一員である証拠は見つかっておらず、ずっと古い時代の火山の断片と考えられている。

伊東温泉街の南西の高台から見た大室山と高室山。大室山の隣の岩室山（いわむろやま）は、伊豆シャボテン公園のある丘で、大室山の溶岩流が流れ出した場所のひとつである

大室山登山リフトから見た十足高室。この山は伊豆東部火山群の一員ではなく、古い時代の地層が侵食され残ったものである

60. 船原

三島から伊豆半島を西まわりに半周して下田に至る国道136号線は、最初は半島の中央を流れる狩野川ぞいを通った後、湯ヶ島の手前で西に折れて船原川ぞいの谷をさかのぼり、船原峠を越えて西海岸の土肥に至る。船原川の両側には浸食が進んだ山地が広がっているが、船原温泉を過ぎたあたりに国道の北に接して、一ヶ所だけ奇妙な台地がある。この台地は一辺が五百メートルほどの丸みを帯びたひし形をしており、谷底からの高さは百メートル弱である。この地形を利用して、可動式の屋根をもつ「天城ドーム」で名高い伊豆市立のスポーツ総合公園が建設されている。

この台地は、伊豆東部火山群がつくったものである。本来ならば険しい山地であった場所で火山が噴火し、溶岩が地形の凹凸をおおって流れたために、なだらかな台地ができあがったのだ。地形の細部から判断して、台地の北に隣接した標高四三六メートルの丘も火山と考えられる。浸食が進んで元の地形がこわされているため、地形だけからこの丘を火山と判定するのは難しい。しかし、丘の西斜面に大きな採石場があり、その崖に火山弾を多数含むスコリア(濃い色をした軽石)の厚い層が見られることから、この丘が火山の一種であるスコリア丘と判断できる。さらにこの丘の南北に隣接した丘もスコリア丘であることが確かめられた。つまり、この火山は三つのスコリア丘と一枚の厚い溶岩流からできている。

この火山は、付近の地名にちなんで船原火山と呼ばれる。伊豆東部火山群の中でももっとも西側に位置する火山である。船原火山から噴出した火山灰の少し上に箱根起源のDa-1軽石（十二万五千年前、120頁）が降りつもっていることから、船原火山の噴火年代をおよそ十五万年前と決めることができた。つまり、船原火山は、遠笠山火山（104頁）と並んで、伊豆東部火山群で最も古い火山と考えられる。

伊豆市や河津町、東伊豆町にある伊豆東部火山群の噴出量は小さいものが多いため、伊東市の大室山のように大量の溶岩を流して広大な高原をつくったりはしない。その代わりに、険しい山地の中に、まるでオアシスのような小さな平坦面をつくっている例が多い。船原火山もそのひとつである。そうした平坦面は、山村にあっては貴重な土地であり、ほぼ例外なく有効利用がなされている。

船原火山の西斜面につくられた採石場。火山の内部構造がよく見えている

西から見た天城ドーム。船原火山から流れ出した溶岩がつくった台地の上に建てられている。船原川はこの台地を迂回して流れる

61. 大池・小池

東伊豆町稲取の北西五キロメートルに、天城連峰のひとつである三筋山《みすじやま》(標高八二一メートル)がある。三筋山から稲取付近にかけて広がるなだらかな丘陵地は、かつて天城火山(88頁)がつくった火山斜面が浸食され残ったものである。その丘陵地の中、三筋山の南方二キロメートルの河津町見高《みだか》付近に注目すべき地形がある。

それは北西―南東方向に並ぶ大小二つの凹地である。南東側の凹地は大池と呼ばれ、長径三百メートルほどの楕円形で、深さは二十メートルほどである。凹地の中は草地となっており、パラグライダーの練習場として使われているから、凹地の存在を知る地元の人は多いだろう。

一方、大池の北西六百メートル付近にあるもう片方の凹地は森におおわれているため、その存在自体を知る人は少ない。この円形の凹地は小池と呼ばれ、直径は二百メートルほどであるが、深さは大池よりもずっと深く五十メートルもある。

大池と小池は、どちらも伊豆東部火山群に属する火山であり、六万四千年ほど前に噴火してできた。火山と言っても、かつての火口である凹地以外に目立った地形はない。このような特徴をもつ火山がマールと呼ばれることを、102頁などで説明した。一碧湖マール(126頁)には噴火後に水がたまって湖となったが、大池・小池マールは、湖となるには水はけが良すぎたようである。ただ、「池」という名前から考えると、かつては水がたまっていた時期があったのかもしれない。

大池付近の林道の崖では、小池マール起源とみられる火山れきの地層が、大池マール起源の爆発角れき岩の地層に直接おおわれているのを観察できる（口絵7上）。このことから、大池・小池マールがほぼ同時に噴火してできたことがわかる。どうやら、この両火山を噴火させたマグマは、北西―南東方向の割れ目をつくって地上に達し、その割れ目上に二つのマールを同時に誕生させたらしい。

大池マールの全景。手前の平坦な部分が火口

林道の崖で見られる大池・小池マールの噴出物。下の縞々が入った細かな地層が、小池マールの噴火で降りつもった火山れき。上の粗い地層が、大池マールの噴出した爆発角れき岩

62. 物見が丘と内野

伊東温泉街の南東側に物見《ものみ》が丘と呼ばれる標高二〇～四〇メートルほどの台地がある。伊東市民にとっては、伊東市役所が建っている高台と言ったほうがわかりやすいだろう。この台地は、厚い溶岩流が流れてできたものである。この溶岩流の断面は、クスの古木で有名な葛見《くずみ》神社の裏手の崖などに、黒々とした一枚岩として見えている。

この溶岩流を流した火山は、伊東市役所の南東五百メートルほどの場所にある標高一五一メートルの丸い丘と考えられている。この丘の西端の崖には、溶岩のしぶきが火口のまわりに降りつもった厚いスコリア（暗色の軽石）の層が見えており、この丘が火山の一種であるスコリア丘だとわかる。この火山は、付近の地名から内野火山と呼ばれている。

ところが、不思議なことに葛見神社付近にある溶岩流の直下や、物見が丘の東の山中には、本書で何度か述べてきた爆発角れき岩の地層が見られる。爆発角れき岩は、マグマが多量の地下水などと触れあって激しい爆発を起こした火口の近くに積もる地層である。こうした噴火では、大きな火口を取り巻くリング状の山体が特徴の「タフリング」や、火口だけが目立つ「マール」と呼ばれる種類の火山がつくられることが多い。

しかし、物見が丘の周辺にタフリングやマールとおぼしき地形は見当たらない。この謎を説明するために筆者が考えた噴火のシナリオは、次のようなものである。

まず伊東温泉街の南東側で、伊豆東部火山群でよく見られるような北西―南東方向の割れ目噴火が起

伊東温泉街から見た物見が丘の台地。矢印で示した丸い山が内野スコリア丘。その左下の大きな建物が伊東市役所

内野スコリア丘から流れ下った溶岩の先端部分。伊東市竹の内

き、その割れ目上に二つの火山、すなわち物見が丘付近のマールと、内野のスコリア丘が誕生した。南東側にスコリア丘ができた理由は、標高が高いために地下水がほとんどなく、おだやかな噴火になったためである。その後、内野スコリア丘から流れ下った厚い溶岩流が、その北西側のマールを埋めてできたのが、現在の物見が丘の台地である。

　なお、この両火山の噴火年代については決め手を欠いているが、おおよそ八万七千年ほど前ではないかと考えている。

63. 城星と茶野

伊豆東部火山群は単成《たんせい》火山の集まりであることを、102頁で述べた。単成火山は、一度だけ噴火して小型の山体をつくった後に、同じ火口からの噴火をやめてしまう火山である。だから、単成火山の周囲には、噴火一回分に相当する噴出物が積もっている。逆に、ある単成火山の噴火の性質や年代を調べたい場合には、その火口の近くに行って，火口から出たとみられる噴出物を見つければよい。

ただし、この作業は簡単ではない。噴火当時は地表に見えていた噴出物も、やがて土に埋もれ、草木が生い茂ってしまう。また、噴出物の上に建物や町ができてしまうと、土木工事をしない限りは二度と噴出物を見ることはできない。よって、噴出物の断面が観察できるのは、たまたま工事によって人工的に崖がつくられた時や、川や海岸などに見られる自然の崖などに限られる。そうした崖の存在によって運良く噴火の年代や性質がわかった例を紹介しよう。

伊東温泉街の二キロメートルほど南東の台地上に、伊豆東部火山群の一員である城星《じょうぼし》火山と呼ばれる単成火山がある。この火山は、国道135号線の殿山交差点の南西側にある小さな丘である。周囲からの高さは三十メートルほどで、上から見ると北西に開いたブーメランの形をしている。ブーメランの円弧の内側はかつての火口であり、その地形を利用して現在は市民グラウンドや伊東市立南小学校が建てられている。さらに、その北西の南中学校あたりから、伊東温泉競輪場の南東にまで達する一枚の溶岩流がある。この溶岩流はかつて城星火口から流れ出したと見られていたが、南中学校あたりに火口をもつ別の火山（茶野火山）があると考えた方が良さそうである。以上のことは地形と溶岩の分布からわかるが、これらの火山がいつ頃どのような性質の噴火をしたかは、火口付近の噴出物を見ない限り決め手がない。

かつて殿山交差点の北側にあった工事現場の崖で、城星火山の噴出物断面を観察することができた。崖には爆発角れき岩や火山灰が厚く積もっており、その五十センチメートル上に約六万六千年前の箱根山の噴火によって積もったTPfl（ティー・ピー・エフ・エル）火山灰（120頁）を見つけることができた。こうした事実から、城星火山が、およそ七万一千年前にできたタフリング（爆発的噴火によってできた大きな火口と、それを取りまくリング状の山体をもつ火山）であるとわかった。

城星火山の火口。現在は伊東市民グラウンドとして利用されている

城星火山の近くの崖に見えていた噴出物の地層。下半分の縞々の部分が城星火山の噴出物

64. 箱根火山最大の噴火

　120頁や前節で、箱根山の約六万六千年前の噴火によって伊豆にまで積もったＴＰｆｌ（ティー・ピー・エフ・エル）火山灰のことを述べたが、ここではその恐るべき正体について説明しよう。実は、この火山灰を「積もった」と表現するのは、あまり適切でない。この火山灰は、箱根から噴出して流れてきた火砕流なのである。ＴＰは「東京軽石」を意味する略号、ｆｌはｆｌｏｗ（英語で「流れ」）の略称である。火砕流は、火山の噴煙が地表をはうように高速で流れ広がる現象であり、その実体は火山灰や小石まじりの高温のガスである（136頁）。

　箱根は、それまで何度も火砕流を発生させていたが、到達距離はそれほど長くなく、南側ではせいぜい三島市や函南町止まりであった。ところが、六万六千年前の噴火で噴出したマグマの量は五十億立方メートルもあった。この量は、日本で起きる最大級の火砕流（136頁）に比べれば、一ケタほど小規模である。しかし、これまで伊豆東部火山群で起きた最大の噴火が三億立方メートル程度に過ぎないことを考えれば、いかに途方もない規模であったかがわかる。

　この噴火は、開始当初は成層圏に達する高い噴煙を火口上空に立ちのぼらせ、「東京軽石」の名前通り、軽石の雨を東京方面に降りつもらせた。この軽石は、今でも東京都内で厚さ二十センチメートルほどの地層として観察できる。そして、その直後に噴火の性質が激変した。何らかの理由で噴煙の浮力が失われ、空高く立ち上っていた噴煙が重力崩壊を起こしたのである。とはいえ、噴煙は空気を大量に含んでいて、ふわふわの状態にある。このため崩壊した噴煙は、高温を保ったまま火砕流として四方八方に流れ始めた。

結果として、この火砕流は、西は富士川河口周辺から、東は何と横浜市戸塚区までの広い範囲をおおい、その流路にいたすべての生物を蒸し焼きにした。南は伊豆市の狩野川ぞいや、伊東温泉街の南東側の台地上に達した。火砕流が残した地層は、流れてきた特徴をよく備えている。すなわち、細かな火山灰と、直径数センチメートルの小石の両方が含まれる。空中を漂って降りつもった火山灰は、粒の大きさがそろうために、このような特徴を持たない。なお、この噴火以降、箱根の火山活動は下火になっていき、伊豆にまで被害を及ぼす噴火はめったに起きないようになった。なお、箱根の「東京軽石」の噴火については「破局噴火—秒読みに入った人類壊滅の日」（高橋正樹著、祥伝社新書）に詳しく解説されている。

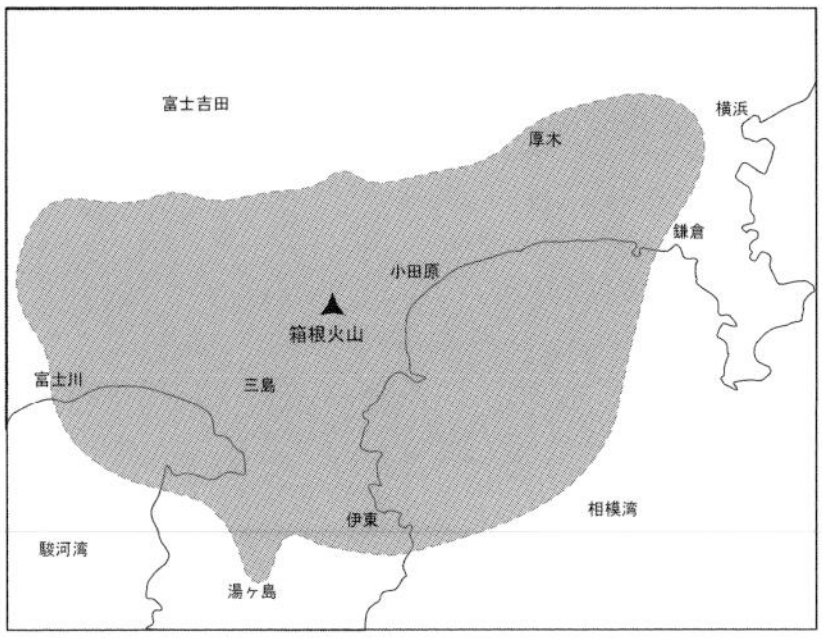

約6万6000年前に起きた箱根の噴火で発生した火砕流におおわれた範囲

つるはしの上にある白い地層が、約6万6000年前に起きた箱根の大噴火で発生した火砕流（TPfl）。こぶし大の岩を含んでいる。三島市市ノ山新田

65. 沼ノ川と二本杉林道

河津町にある有名な河津七滝《ななだる》は、およそ二万五千年前に伊豆東部火山群の登《のぼ》り尾《お》南火山が噴火して流した溶岩流にかかる滝である。滝をつくる岩盤には、溶岩が冷え固まった時にできる美しい柱状節理が観察できる。登り尾南火山については後で詳しく述べるが、ここではこの少し西側にある別の火山について紹介したい。

河津七滝のうちの下から二番目の出合滝《であいだる》は、二つの川の合流点にかかっている。東側の川が河津川であり、その上流五滝のすべては河津川ぞいにある。一方、西側の川は荻ノ入《おぎのいり》川と呼ばれており、合流点付近以外の川底に溶岩流は見られない。

この荻ノ入川を一・五キロメートルさかのぼると、沼ノ川の集落に至る手前の北東岸が高い崖となっており、そこに見事な溶岩流の断面が観察できる。この溶岩流は、その七百メートルほど南西にある標高四六〇メートルの丸い丘（沼ノ川南火山）から流れ出したことが、地形や噴出物の調査からわかった。同様にして、沼の川集落の北西の山中にも沼ノ川北火山が発見された。いずれの火山も、火口のまわりにマグマのしぶきを降りつもらせた小さな丘（スコリア丘）であり、そこから流れ出した溶岩流が荻ノ入川の近くに達している。

以上二つの火山は、伊豆東部火山群の他の火山によく見られるように、北西—南東に並ぶ火山列をなしており、沼ノ川火山列と総称される。沼ノ川火山列の噴火年代は、およそ三万六千年前に噴火した鉢ノ山（次節で紹介）の火山灰との関係から、約五万三千年前とみられる。なお、沼ノ川北火山の北東一キロメートル付近の尾根にも別の火山（二本杉林道火山）があり、そこから流れた溶岩が荻ノ入川まで達しているが、噴火年代はよくわかっていない。

沼ノ川火山列と二本杉林道火山が荻ノ入川に溶岩流を流したことで、四キロメートル近くにわたって川ぞいに多くの滝ができたと想像される。河津七滝のかかる範囲が全長二キロメートルに過ぎないことを考えれば、さぞかし壮大な眺めであったろう。もし残っていれば七滝どころの話ではなく、河津○○《マルマル》滝などと呼ばれて今以上の観光地になっていたかもしれない。しかし、残念なことに、できた年代が河津七滝より二倍以上古いため、その大部分はすでに失われてしまったのである。

沼ノ川火山列（沼ノ川南火山）から流れ出した溶岩。柱状節理が美しい。

沼ノ川火山列（沼ノ川北火山）のスコリア丘断面。火山弾を多く含む。

第八章
伊豆東部火山群の時代
5万〜4千年前

66. 鉢ノ山火山列

粘りけの少ないマグマのしぶきが火口から噴水のように吹き出ると、空中で冷え固まってスコリア（暗色の軽石）となり、火口の周囲に積もってプリン形の可愛らしい丘をつくる。この丘をスコリア丘と呼ぶことを１０２頁で述べた。伊豆東部火山群には数多くのスコリア丘があり、その代表格は伊豆高原にある大室山（標高五八〇メートル、噴火年代は約四千年前）であるが、大室山にまさるとも劣らない立派なスコリア丘が他にもあることをご存じだろうか？

その名は鉢ノ山《はちのやま》、およそ三万六千年前の噴火でできた。鉢ノ山は、河津川中流にある名湯・湯ヶ野温泉の北東三キロメートルほどの山中にある。標高は六一八メートル、底面の直径は約千メートルで大室山とほぼ同じ、ふもとから頂上までの高さは二百二十メートルもあり、大室山の三百メートルに少し足りない程度である。伊豆東部火山群では大室山についで二番目に大きいスコリア丘である。こんな立派な火山が大室山ほど有名でないのは、大室山が伊豆高原の最高部にあって伊東市内のたいていの場所から眺められるのに対し、鉢ノ山は険しい山地の中にあるため、見える場所がごく限られているからであろう。

鉢ノ山の北西側と南東側のふもとからは溶岩流が流れ出しており、それぞれが奥原川と佐ヶ野川を流れ下り、湯ヶ野温泉をはさむようにして本流の河津川ぞいに達している。とくに、佐ヶ野川を流れ下った溶岩流は、河津川に達した下佐ヶ野付近で見事な溶岩扇状地をつくっている。

鉢ノ山は、溶岩流だけでなく、二億八千万トンという大量の火山灰も噴出した。これは大室山が噴出した火山灰の約二倍である。このため、この火山灰は河津町と東伊豆町の広い範囲に層をなし、他の火山の噴火順序や年代を決めるための良い基準となっている。

なお、鉢ノ山の北西二キロメートルにある大平《おおだいら》火山、さらにその北西二キロメートルにある寒天林道火山（旧名：八丁林道火山）、鉢ノ山の南東一・五キロメートルにある天子平《あまごだいら》火山は、鉢ノ山とともに北西―南東方向の一直線上に並び、ひとつの火山列として鉢ノ山と同時に噴火したとみられる。鉢ノ山以外の三火山は、いずれも溶岩流とスコリアを少しだけ噴出した小型の火山であり、地形的にほとんど目立っていない。

天城山の八丁池付近の見晴らし台から見た鉢ノ山

鉢ノ山が噴出したスコリア層

67. 国士越火山列と与市坂

伊豆屈指の名湯・湯ヶ島温泉から南に進めば天城峠を越えて河津町、西に進めば仁科峠を越えて西伊豆町に至る。もうひとつ東方向に進んで越えられる峠があることをご存じだろうか。その名は国士越《こくしごえ》、あるいは国士峠。地形的には88頁で述べた天城火山と天子《てんし》火山の間にあり、峠を越えた先は大見川の源流地域にあたる伊豆市筏場《いかだば》である。

国士越付近の道路ぞいの崖には、本書で何度か説明してきた爆発角《かく》れき岩の厚い地層が見られ、そこが火口の近くであることがわかる。地形図をよく見ると、国士越のすぐ南側の道路ぞいにマールとみられる円形の凹地が見られるほか、国士越の南東五百メートルほどの場所にも西に開いたU字形のマールがある。マールは、マグマと地下水が触れあう爆発的な噴火によってできた火山であり、爆発角れき岩の噴出源である。これらのマールを、それぞれ国士越火山・国士越南火山と呼ぶ。

さらに、国士越南火山の南東一キロメートルにも北北東に開いたマールがあり、箒原《ほうきはら》東火山と命名された。一方、国士越火山の北西二キロメートルの山中にも小さな火口があり、北野原《きたのはら》東火山と呼ばれている。

以上述べた国士越・国士越南・箒原東・北野原東の四火山は、北西—南東方向に並ぶ火山列をなしており、約三万七千年前に同時に噴火してできたと考えられている。

このうち国士越南火山と北野原東火山は溶岩を流出しているが、北野原東火山の溶岩流は少量であるため地形的にほとんど目立たない。注目すべきは国士越南火山の溶岩流である。この溶岩流は谷に沿って西に流れ、下流に南北幅三百メートル、東西幅八百メートルの溶岩台地をつくっている。伊豆市長野の集落は、この台地上にある。142頁の船原火山のところでも述べたが、本来は険しい谷間であったはずの場所に、人間が有効利用できる小さな平坦地が火山によって作り出されたのである。

これとほぼ同じ例として、湯ヶ島温泉の一・五キロメートル南にある伊豆市与市坂《よいちざか》も挙げておきたい。与市坂の集落は、その二キロメートルほど南東にある与市坂火山（噴火年代不明）が作った溶岩台地の上に立地している。

国士越南火山の溶岩流によって作られた伊豆市長野の台地。一見、山に囲まれた盆地の風景に見えるが、周囲の山との間には深い谷が刻まれている

国士越火山が噴出した爆発角れき岩

68. 地久保

「大室山は再噴火しますか？」という質問を、地元の方々によく尋ねられる。これは大室山に限らず、小室山であっても一碧湖《いっぺきこ》であっても、伊豆東部火山群に属する火山なら、答は「ノー」である。その理由は、伊豆東部火山群は単成《たんせい》火山の集まりであり（102頁）、単成火山というのは一度しか噴火しない火山だからである。

しかし、伊豆東部火山群全体としての噴火は何度も起きてきた。そのつど場所を変えて噴火し、あちこちに小さな火山を作ってきたのである。よって、大室山そのものが噴火することはないが、たまたま別の火山が大室山と同じ位置に火口を開く可能性はゼロではない。過去には一つだけそうした例があったことを紹介しよう。

本書の128頁で紹介した梅木平《うめのきだいら》火山は、一碧湖の南東で十万年前に噴火してできた火山であるが、かつて「地久保《ちくぼ》外輪山」という名で呼ばれたこともある。それは、直径一キロメートル近い大きな火口の中に、後の時代すなわち三万七千年前に別の単成火山である地久保火山ができたからである。こちらも、かつて「地久保中央火口丘」という名で呼ばれていた。しかし、両者はともに単成火山であり、たまたま場所が重なったに過ぎないため、別の名称で呼ばれるようになったのである。

地久保火山は、小室山の西のふもとにあたる伊東市吉田の街並みの一キロメートルほど南にある。直径五百メートルのスコリア丘であり、ふもとからの高さが五十メートルほどなので、地形的にほとんど目立たない。国道135号線は、この地久保火山と梅木平火山の間の谷間を通過している。地久保火山の北側がえぐれたような地形をしているのは、北に向かって流れ出した溶岩流によって、山体の一部がくずされたからである。この溶岩流は、吉田の街の南端付近にまで達している。地久保火山から噴出した火山灰は、大室山周辺から伊東温泉街までの広い範囲に分布しており、他の火山の噴火年代を決める良い手がかりとなっている。

小室山南東の道路ぞいで見られる伊豆東部火山群の火山灰やスコリア層。崖の下部の厚い縞々の火山灰層が地久保火山のもの

空から見た地久保火山。129 頁の写真に地久保火山を加えたもの

69. 九州からの使者ふたたび

本書の132頁で、およそ九万二千年前に鹿児島県沖の海底火山（鬼界カルデラ）で起きた巨大噴火の火山灰（鬼界葛原《とづらはら》火山灰）が、伊豆の地層中から発見された話を述べた。その際にも少し紹介したが、この種の巨大噴火（破局噴火）の詳しい解説書（高橋正樹・著「破局噴火—秒読みに入った人類最後の日」祥伝社新書）や、近未来の破局噴火に襲われる日本社会を描いた小説の文庫版（石黒耀《あきら》・著「死都《しと》日本《にっぽん》」講談社文庫）とその漫画版（正吉良カラク・画「カグツチ」講談社コミックス）が刊行されているので、ぜひ一読をお勧めしたい。

さて、九万二千年前の鬼界カルデラの噴火後も、九州では数度の破局噴火がくりかえされた。中でも有名なのは、八万七千年前の阿蘇山、二万八千年前の姶良《あいら》火山、七千三百年前の鬼界カルデラ（再噴火）の三つである。これら三回の噴火は、それぞれ阿蘇4火山灰、姶良丹沢（AT）火山灰、鬼界アカホヤ火山灰という名で呼ばれる火山灰を、日本列島の広い範囲に降りつもらせた。ただし、これらの火山灰の厚さは、九州以外では十センチメートルに満たないことが多いため、地層として確認できる場所は限られている。

AT火山灰を噴出した姶良火山（姶良カルデラ）は、現在の鹿児島湾北部の海底に位置している。というより、鹿児島湾の北部に相当する凹地が、カルデラの地形そのものである。今でも噴火をくり返している桜島は、このカルデラの南の縁に沿って後からマグマが噴出してできた火山である。鹿児島湾北部をとりまく有名な「シラス台地」は、姶良カルデラの二万八千年前の破局噴火で噴出した巨大火砕流の厚い地層からできている。この火砕流が噴出した際に、上空にもうもうと立ち上った灰かぐら（噴煙）が西風で流され、そこから降りつもったのがＡＴ火山灰である。

伊東温泉街付近でのＡＴ火山灰は、前節で述べた地久保火山の火山灰（三万七千年前）と、後述する鉢ケ窪《はちがくぼ》火山の火山灰（二万三千年前）の、ちょうど中間くらいの位置に発見された。ただし、一枚につながった地層ではなく、直径数ミリ程度の白色火山灰の固まりとして確認できた。注意深く観察しないと簡単に見落としてしまうほどのわずかな量であるが、他の火山の噴火年代を決める上での貴重な鍵である。

1994年ころに伊東市役所内の工事現場の崖で見つけたＡＴ火山灰。指で示した白色の固まり

南九州のシラス台地をつくる姶良火山起源の入戸（いと）火砕流（崖の上半分）。この火砕流の灰かぐらとして立ち上った噴煙が日本の広い範囲をおおい、各地にＡＴ火山灰を降りつもらせた

70. 河津七滝をつくった火山

天城峠の二キロメートル南東に「登《のぼ》り尾《お》」という山（標高一、〇五七メートル）がある。地形的には、天城連山から南西に張り出した尾根と呼ぶのが適切で、地質学的にも天城火山（88頁）の一部にあたる。この登り尾の南斜面（標高七〇〇メートル付近）で、およそ二万五千年前に噴火が起きた。伊豆東部火山群「登り尾南」火山の誕生である。

急斜面で噴火が起きたため、火山そのものの地形は不明瞭であるが、注目すべきはそこから流れ出た溶岩流である。この溶岩流は、登り尾の斜面を西南西に一・五キロメートルほど流れ下り、河津川に達した後、向きを川沿いに南東に転じ、谷間を埋めながらさらに二キロメートルほど流れた。この範囲の河津川の河床のあちこちに見られる滑らかな岩盤は、溶岩流の表面や内部が水流の浸食作用によって洗い出されたものである。

よく見ると、岩盤の表面に柱状節理《せつり》が観察できる。柱状節理は、溶けた岩石が冷え固まる際に体積が収縮してできる角柱状の割れ目である。角柱の断面は六角形のことが多いが、五角形や七角形のものも含まれる。この角柱は、熱が奪われる方向に向かって伸びる性質がある。

岩盤にできた段差には七つの滝がかかっており、これが有名な河津七滝《ななだる》である。上流から順に、釜滝《かまだる》、えび滝《だる》、へビ滝《だる》、初景滝《しょけいだる》、かに滝《だる》、出合滝《であいだる》、大滝《だる》と呼ばれている。ところが、この七滝のうちの一つが溶岩流の岩盤と関係なくできていることに最近気づいた。どの滝がそうか、探す楽しみは読者に与えたい。なお、釜滝の少し上流にある猿田淵でも溶岩流がつくる岩盤が観察できる。

伊豆の山々には無数と言ってよいほどの滝がある。こうした数多くの滝の中で、河津七滝が観光名所となった理由は、天城峠越えの街道沿いという地理的利点もさることながら、やはり二万五千年前という地質学的な若さによる岩石の新鮮さと、柱状節理がもたらす岩盤の美しさが人目をひくためであろう。伊豆東部火山群の噴火によって作られた美しい滝は、河津七滝だけにとどまらない。同じ河津町内では、佐ヶ野川の上流にある佐ヶ野川上流火山の溶岩流にかかる三段滝を挙げたい。また、後で詳しく紹介するが、有名どころでは伊豆市の浄蓮《じょうれん》の滝、滑沢《なめざわ》渓谷、万城《ばんじょう》の滝がある。どれも火山が作り出した素晴らしい景観である。

河津七滝の中で最大の落差をもつ大滝。美しい柱状節理が見てとれる

佐ヶ野川上流火山の溶岩流にかかる三段滝

71. 地蔵堂火山と万城の滝

伊豆市（旧中伊豆町）を流れる狩野川支流の大見川は、その上流に行くと、ほぼ同じ川幅をもつ三本（西から順に大見川、地蔵堂川、菅引川《すげひき》）に枝分かれしている。どの川沿いにも天城山が背景の、よく似た田園風景が広がっており、不慣れな人は道に迷いやすい。このうちの菅引川の上流には、伊豆東部火山群の丸野山火山から流れた溶岩流が達していることをすでに述べたが（122頁）、他の二つの川も伊豆東部火山群の噴火によって大きな地形変化を受けている。

もっとも西側にある大見川の上流には、およそ三千二百年前に天城山の山頂付近で発生したカワゴ平《だいら》火山の噴火による分厚い火砕流と溶岩流が流れ下った。伊豆東部火山群最大の噴火として知られるこの大事件については、後で詳しく述べる。ここで紹介するのは、大見川と菅引川の間にある地蔵堂川ぞいで起きた噴火の話である。

およそ二万四千年前、地蔵堂川の上流で噴火が始まり、その谷間をふさぐ形で地蔵堂火山が誕生した。地蔵堂火山は、大室山などと同じスコリア丘と呼ばれる種類の火山であり、ねばりけの少ないマグマのしぶきが火口のまわりに降りつもってできた山体をもつ。この山体の噴火当初の大きさは、底面の直径が七百メートル、高さが二百五十メートルほどもあったと思われるが、けわしい谷間にできたことが災いし、その後の浸食によって西半分が削られて失われてしまった。現在見られるのは、元の山体の東半分にあたる半円形の尾根のみである。

ということは、当初のスコリア丘の半分にあたる膨大な量の噴出物が、おそらく土石流として地蔵堂川、さらには下流の大見川に流れ去ったことになる。この土石流の地層を、地蔵堂川ぞいのあちこちの崖で実際に見ることができる。地蔵堂川に沿う河岸段丘のほとんどは、スコリアをたくさん含む土石流の厚い地層からできている。

地蔵堂火山からは溶岩流も流れ出しており、地蔵堂川に沿って二キロメートルほど北にまで達している。この溶岩流の末端付近にかかっている滝が、有名な万城の滝である。

地蔵堂火山から流れ出た溶岩流にかかる万城の滝

地蔵堂火山から噴出したスコリア層

72. 鉢ヶ窪と馬場平

伊東温泉街の南西に広がるなだらかな丘陵は、「水道山」と呼ばれて市民に親しまれている。この名前は、おそらく伊東市の上水道の第一水源があることから名づけられた。水道山の地盤をつくる岩石の多くは、86頁で述べた宇佐美火山が噴出した溶岩流であるが、その上を厚さ二十メートル以上もある分厚いスコリアの地層がおおっている。スコリアは暗い色をした軽石のことであり、粘りけの少ないマグマのしぶきが空中に噴き上がって冷え固まったものである。

このスコリアを噴出したと考えられる火口が少なくとも三つ知られており、総称して鉢ヶ窪火口群と呼ばれている。もっとも確かな火口は、伊東市民病院の一キロメートルほど北西の山中にある「鉢ヶ窪」と呼ばれる凹地である。凹地の直径は百五十メートルほどあり、凹地の近くのスコリア層には火山弾も多数含まれている。鉢ヶ窪火口付近から、その南西一キロメートルほどの場所にある馬場平《ばばのたいら》（標高四六〇メートルほど）にかけて伸びる尾根は、一様に厚いスコリア層でおおわれており、ひとつの火山としてとらえた方が良さそうである。また、先に述べた第一水源にはかつてのマグマの通り道である岩脈が観察できるため（267頁）、近くに火口があったことは間違いない。なお、市民病院の五百メートル北東にある、かつての伊東スタジアムだった凹地を火口と考えたこともあったが、再調査の結果どうやら誤認であることがわかった。スタジアム建設前の地図に凹地は見つからないのである。

つまり、現時点で鉢ヶ窪火口群とは、鉢ヶ窪火口、馬場平火山、「第一水源」火山の三つを合わせた呼び名である。鉢ヶ窪火口群から噴出したスコリアは、伊東大川の谷を隔てて、小室山や一碧湖の周辺にいたる広い範囲に降りつもっている。他の火山灰との関係から、鉢ヶ窪火口群が噴火したのはおよそ二万三千年前と推定される。

火山特有のなだらかな地形をもつ馬場平は、そのほとんどが草原でおおわれ、ほぼ三六〇度の視界が得られる素晴らしい見晴らし台である。晴れた日には、大室山や小室山、伊豆大島や利島までが一望できる。鉢ヶ窪は、うっそうとした林におおわれ、火口の地形がよく保存されている。こうした自然は市民の貴重な財産であり、末長く保全してもらいたい。

鉢ヶ窪火口から噴出した厚いスコリアの地層。中に含まれる大きな岩は火山弾である

馬場平スコリア丘をつくるスコリア層

73. 稲取火山列

東伊豆町の名湯・熱川温泉。その温泉街は海に面した狭い谷間にあり、この谷間だけが市街地と思う人も多いだろうが、実はそうではない。国道135号線をはさんで、西側の広い台地の上に奈良本《ならもと》の町がある。熱川の住民にとっての生活の場は、むしろこの台地の上だろう。この台地をつくったのは88頁で述べた天城火山の溶岩流であるが、台地の表面を広くおおっているのは、一万九千年前に降りつもったスコリア（暗い色をした軽石）の地層である。それを噴出した火山の正体が不明だったころ、この地層は「熱川スコリア」などの名前で呼ばれていた。

調査の結果、熱川スコリアは三つの火山（稲取、堰口、川久保川の三火山）が同時に噴火した際に降りつもったものであるとわかった。いずれの火山も、スコリアが火口のまわりに厚く積もってできたスコリア丘である。この三火山は、北西―南東方向の直線上に並んでいるから、稲取火山列と呼ぶことにしよう。

火山列の最南端にある稲取火山は、東伊豆町役場のある稲取の街の二キロメートルほど北の台地上にある。三日月形の丘が二つ向かい合わせになった形をしており、伊豆アニマルキングダムに向かう道路が、その火口の中を通過している。スコリア丘の南端から南東に流れ出した溶岩流が海に達し、黒根と呼ばれる岬をつくった。また、スコリア丘の北端からも溶岩が流れ出し、稲取市街の北部に達している。

火山列の中央にある堰口火山は、熱川と稲取の間に谷を刻む白田川《しらたがわ》を、河口から三キロメートルほどさかのぼった発電所の南側の山中にある。谷の斜面で噴火してできたため、地形的には山というよりは谷間に突き出た丸い尾根である。その北側が採石場となっていて、火山の断面が観察できる。断面に見えているのは、火山弾まじりの赤いスコリア層と、そこにはさまれた一枚の溶岩流である。この崖は、赤々とした山肌として海岸付近からもよく見える。

火山列の最北端にある川久保川火山は、堰口火山の北西三キロメートル付近、白田川支流の川久保川と天城ハイランド別荘地の間の山中に位置する。この火山は小型である上に、山の斜面で噴火したために、地形的にほとんど目立たない。火口から溶岩流が五百メートルほど南東に流れて川久保川に達している。

空から見た稲取火山

稲取火山の断面が観察できる崖。成層したスコリアが見えている。口絵７下も参照

74. 鉢窪山と浄蓮の滝

伊豆最大の流域面積と長さをもつ狩野川は、伊豆市の湯ヶ島温泉より上流では名前の異なる二つの川となり、西側の流れを猫越《ねっこ》川、南側の流れを本谷《ほんたに》川と呼ぶ。国道414号線は、この本谷川ぞいを南にさかのぼり、天城峠に至っている。その途中、湯ヶ島温泉の二キロメートルほど上流にかかる有名な滝が「浄蓮の滝」である。滝をつくる岩盤には見事な柱状節理が観察でき、この滝が溶岩流によって作られたことがわかる。

この溶岩流は、滝の南東一キロメートルにある鉢窪山《はちくぼやま》（標高六七四メートル）が一万七千年前に噴火したさいに流出したものである。この溶岩流は、浄蓮の滝の周囲になだらかな台地をつくっており、台地上には浄蓮の滝の観光施設と駐車場、伊豆市茅野《かやの》の集落と農地などが立地している（口絵5）。地形図上で見ると、この台地は本谷川とその東にある支流の岩尾《いわび》川の間を、北方の湯ヶ島温泉方面に向けて先細りの形に伸びている。この台地の形こそが、かつての谷を埋めて流れた溶岩流の地形そのものである。幸いなことに、この溶岩流は湯ヶ島温泉の一キロメートルほど手前で停止した。さらに噴出量が多ければ湯ヶ島温泉にまで達し、峡谷美が自慢の湯ヶ島温泉は、現在ほど趣のある景観をもてなかったかもしれない。

鉢窪山は、粘りけの少ない溶岩のしぶき（スコリア）が火口のまわりに降りつもってできたスコリア丘である。伊豆高原の大室山と同じ種類の火山であり、底の直径八百メートル、高さ三百メートル弱のプリン形をしているが、険しい山あいにできたことが災いして、その美しい形を認識している人は少ない。

鉢窪山の南東千二百メートルほどの山中に丸山と呼ばれる丸い丘（標高九三八メートル）があるが、これもスコリア丘であり、鉢窪山と同時に噴火したと考えられている。伊豆東部火山群の他の火山列と同様に、鉢窪山と丸山も北西—南東方向の割れ目噴火によってできた一つの火山列なのである。

北西側から見た鉢窪山

林道ぞいに見られる丸山スコリア丘の断面。多数の火山弾が含まれる

鉢窪山の溶岩流が本谷川に流れこんでできた浄蓮の滝

75. 小室山

伊東温泉街の南東四キロメートルほどの高台にある小室山（標高三二一メートル）は、伊東付近では大室山と並ぶ有名なランドマークであり、市内各地から眺めることができる。観光リフトで山頂に上り、そこからの景観を楽しめる点も大室山と同じである。

小室山も、大室山と同じ伊豆東部火山群に属する火山であり、およそ一万五千年前の噴火によって溶岩のしぶき（スコリア）が火口のまわりに降りつもってできたスコリア丘である。ただし、「小室」の名の通り、プリン型をした山体のふもとの直径は七百メートル、ふもとから山頂までの高さは百五十メートルほどで、どちらも大室山の約半分である。山頂には、注意しないと見落としてしまうほどの小さな火口のくぼみがあり、その底に神社が建てられている。

しかし、小室山は、その山体の小ささからは想像できないほどの多量の溶岩を流出し、ふもとの地形を大きく変えているのだ。小室山が流した溶岩の量は、伊豆東部火山群で最大の五億三千万トンであり、伊豆高原や城ヶ崎海岸をつくった大室山の溶岩より一億五千万トンも多い。大室山の溶岩流は、広い面積をおおった割には厚さが薄いため、全体の量は小室山に及ばないのである。

小室山のふもとからあふれ出した大量の溶岩流は、小室山の四方に、まるで花びらが開いたような形の分厚い溶岩台地を形づくっている。このうち東側に流れて相模湾を埋め立てた溶岩台地の平坦な地形は、今では川奈ゴルフ場として利用されている。さらに、この溶岩台地が北に張り出して川奈崎をつくったおかげで、川奈港の入り江ができた。

また、小室山の北側・西側・南側にできた溶岩台地の上には、宅地や別荘地、小室山公園、サザンクロスゴルフ場が建設されている。これらの溶岩台地は、もとあった谷をせき止めたために、小室山の北西と南西に二つの湖をつくったとみられる。この湖は、その後の土砂流入によって埋められ、現在では伊東市街地の一部である水無田《みなしだ》と吉田の二つの盆地となっている。

北側の川奈付近から見た小室山

空から見た小室山。小室山から流出した溶岩がつくる台地の上にゴルフ場や別荘地が建設されている

76. 赤窪

伊豆急行の伊豆高原駅の南西に、伊東市の八幡野《やわたの》港がある。この港の入江は、地形的には伊豆高原の南端に位置している。入江の南側には浮山《うきやま》温泉郷のある台地が海に張り出しているが、この台地は地質学的には伊豆高原と異なる歴史をたどった場所である。伊豆高原は、およそ四千年前に大室山の溶岩流によって作られた。一方、浮山温泉郷の台地は、その西側の山中で約二千七百年前に噴火した伊雄山《いおやま》の溶岩が海を埋め立ててできた（口絵3下）。この伊雄山の噴火については後で改めて述べることにして、ここでは伊雄山のさらに南側で起きた火山の噴火について説明しておこう。

浮山温泉郷の台地の南に接して、もうひとつ小さな入江がある。この入江の奥にある小さな港町が、伊東市赤沢である。赤沢の西側には天城山の山なみが広がり、その中腹に二つの別荘地（恒陽台と望洋台）が隣接して建設されている。この別荘地の中ほどには、南東に向かって開いた直径二百五十メートルほどの凹地と、それをとりまくU字形の峰がある。調査の結果、この凹地は火口、U字形の峰はタフリングであることがわかり、赤窪《あかくぼ》火山と名づけられた。タフリングは、マグマが地下水などと触れあって生じる爆発的噴火によってできるリング状（または円弧状）の火山である。

赤窪火山の火口からは溶岩流が東南東に千五百メートルほど流れ下り、海岸に達して「中の崎」という小さな岬をつくった。伊豆半島の東海岸を走る国道135号線は、この岬の溶岩流の下を短いトンネルで抜けている。注意深い人は、この岬の崖に、海側へと傾く赤黒い岩の層が何枚か見えていることに気づくだろう。この岩層こそが、赤窪火山の噴火中に数度にわたって流れ下った溶岩流の積み重なりである。

　赤窪火山のまわりには火山灰も降りつもっている。この火山灰は、170頁で述べた稲取火山列の火山灰（一万九千年前）の上をおおい、大室山の火山灰（四千年前）におおわれる。この上下関係にもとづいて、赤窪火山の噴火年代を約一万三千年前と推定することができた。

南から見た浮山温泉郷の台地。その手前にある小さな岬が、赤窪火山の溶岩流がつくる「中の崎」である

中の崎をつくる赤窪火山の溶岩流。国道135号線のトンネルが掘られている

77. 富士山噴火と伊豆(上)　宝永噴火

本書の120頁と150頁で、箱根山から噴出した軽石や火山灰が、伊豆にも降りつもっていると述べた。箱根山の西隣には、もうひとつ別の活火山・富士山がある。富士山はおよそ十万年前に噴火を始めたから、その活動期間のすべてが伊豆東部火山群の活動期間（約十五万年前～現在）と重なっている。富士山の火山灰は、伊豆に飛んできていないのだろうか？

富士山の噴火と言えば、およそ三百年前の一七〇七年十二月に起きた宝永噴火が有名である。この噴火は、富士山の噴火史上トップクラスの大規模かつ激しい噴火であり、南東斜面に開いた三つの火口から、マグマ量に換算して七億立方メートルもの火山灰を成層圏まで噴き上げた。この噴煙は、冬のジェット気流に乗って東に流れたため、その風下にあたる現在の静岡県東部・神奈川県・東京都・千葉県などでは火山灰が雨のように降りつもった。その厚さは、小山町の須走付近で二メートルを越え、小田原で十～二十センチメートル、当時の江戸でも二～三センチメートルあった。この降灰によって、農地や農作物が全滅しただけでなく、山林が荒れたために土石流や洪水が頻発するようになり、静岡県東部や神奈川県西部の住民は数十年の長きにわたって辛酸をなめることになった。

しかし、幸いなことに、宝永噴火は伊豆地方にほとんど被害を与えなかった。火口から立ち上る噴煙や火柱は、三島や沼津など東海道沿線の宿場町からも目撃され、旅人や住民の恐怖した様子が記録に残されているが、火山灰は噴火開始の翌朝未明に沼津などにわずかに降った程度であった。風向きが安定する時期であったことや、十六日間という短い噴火期間も幸いした。伊豆方面に降った火山灰は微量であったため、その現物を見つけることすら現時点では困難である。

しかしながら、さらに過去にさかのぼると、およそ四万年前の富士山噴火がもたらした二枚の火山灰層が函南町内で見つかっている。また、富士山から流れ出た溶岩流や土石流の中には三島付近に達したものもあり、今後も火口の位置と噴火規模によっては、同様のことが起きる可能性がある。少なくとも北伊豆地域は、富士山が起こす噴火災害と無縁ではないのである。富士山の噴火史や防災対策の現状に関心をもつ人には拙著「富士山大噴火が迫っている！最新科学が明かす噴火シナリオと災害規模」（技術評論社）をお勧めしたい。

沼津市の狩野川ぞいから見た富士山。宝永噴火を起こした火口が南東斜面（写真中央）に口を開けている。手前の山は愛鷹山

富士山が東麓に降りつもらせた火山灰。縞の一枚一枚がそれぞれ１回の大噴火に相当する。御殿場市上柴怒田

78. 富士山噴火と伊豆(下) 三島溶岩

三島付近には伊豆東部火山群の噴火の影響がほとんど及ばない一方で、富士山から流れ出た大規模な溶岩流や土石流が達していると前節で述べた。三島は、北西に愛鷹山、東に箱根山、南に静浦《しずうら》山地と、三方を山に囲まれている。静浦山地は、36頁以降で述べた白浜層群の海底火山がつくった古い山地であり、浸食が進んで複雑な形をしている。愛鷹山と箱根山は、およそ四十〜五十万年前から噴火を始めた火山であるが、愛鷹山は十万年ほど前に噴火を停め、その後の浸食による深い谷がいくつも刻まれている。箱根山は現在も活動を続けている活火山であるが、三島付近の地形にまで影響を与えた噴火は、150頁で述べた六万六千年前の巨大噴火が最後である。三島の東側にある丘陵の多くは、この巨大噴火で流れた火砕流が厚くつもってできたものである。

愛鷹山と箱根山の間には幅の広い谷間があり、ここを黄瀬《きせ》川と大場《だいば》川が流れている。ただし、どちらの川も谷間の中央ではなく、黄瀬川は愛鷹山の山すそ、大場川は箱根山の山すそに沿っている。そもそも、ひとつの谷間に二つの川が交わらずに並行して流れること自体が不自然である。

さらに奇怪なのは、三島付近での大場川の流路である。黄瀬川は最短距離をたどって素直に狩野川に合流するのに対し、大場川は三島の市街地を大きく迂回し、はるか南の函南町との境まで流れた後に狩野川と合流している。

こうした川の不自然な流路は、谷間や平野の中のわずかな高低差を反映したものである。裾野や三島の市街地は、その周囲より高い台地となっているため、二つの川はそこを避けて通っている。そして、この台地をつくったのが、約一万年前に富士山から流れ下ってきた大規模な溶岩流（三島溶岩）である。この溶岩流は、黄瀬川の河床や三島市街のあちこちに黒々とした岩層として見えている。溶岩中の細かな割れ目を伝ってきた富士山の雪どけ水が、その末端からこんこんと湧き出している。三島市街地にある小浜《こはま》池や菰《こも》池、清水町の柿田川がその一例である。

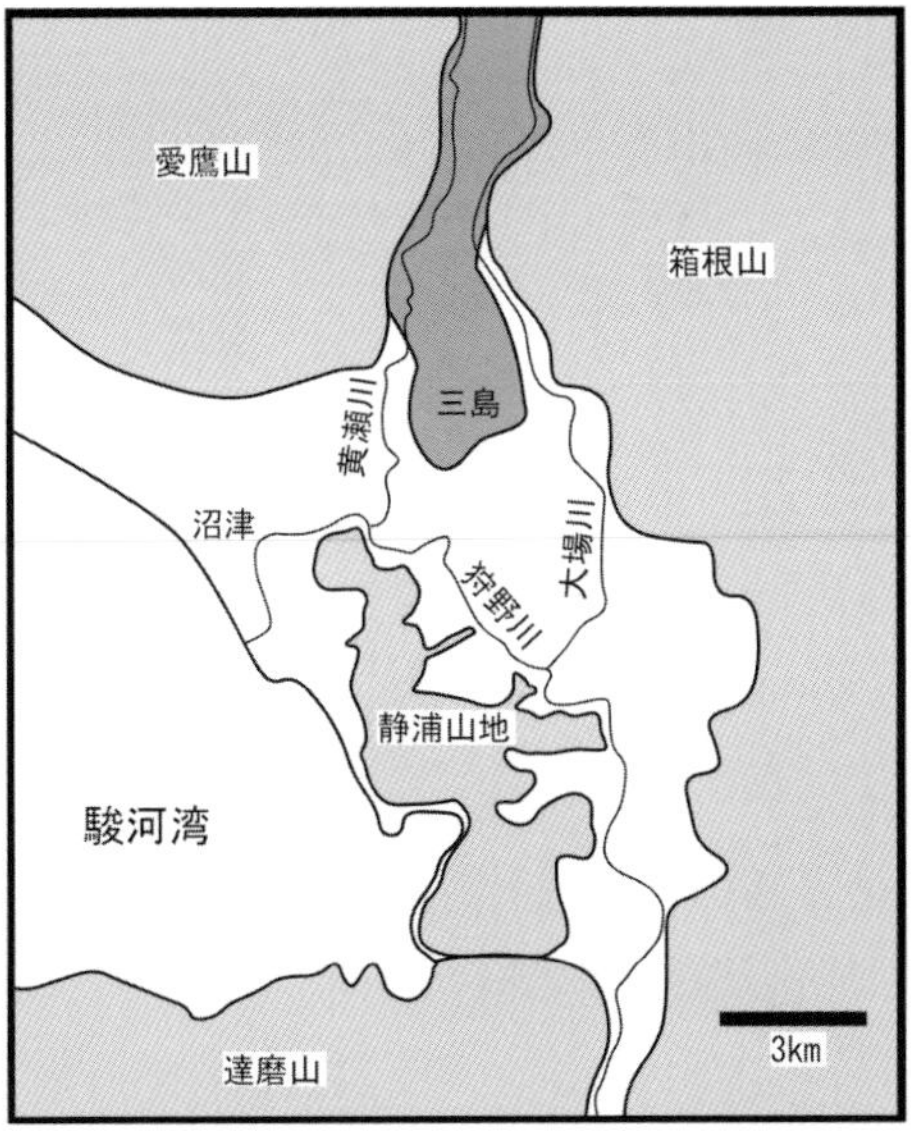

三島付近の地形と川の流路。薄い灰色部分は山地。濃い灰色部分は、富士山から流れてきた三島溶岩のおおよその分布

長泉町の黄瀬川にかかる鮎壺（あゆつぼ）の滝。三島溶岩の断面が見えている

79. 滑沢とエサシノ峰

ここまで80頁にわたった伊豆東部火山群の時代も残すところ最後の一万年間となり、今後語るべき火山は大室山（四千年前）、カワゴ平（三千二百年前）、岩ノ山‐伊雄山火山列（二千七百年前）、そして手石海丘《ていしかいきゅう》（二十年前）だけとなった。しかし、陸上部分だけで六十余りある伊豆東部火山群の火山の噴火年代が、すべて判明しているわけではない。年代未詳の火山の中にも、伊豆の地形に美しい彩りを添えたり、すばらしい景観をつくり出したものがある。そうした火山についても少し触れておこう。

伊豆市の湯ヶ島温泉から国道414号線を南下して天城峠に向かうと、172頁で述べた浄蓮の滝を過ぎ、さらにその先の昭和の森会館（道の駅「天城越え」）を過ぎたあたりに「滑沢渓谷」のバス停がある。そこから林道を下ると、狩野川の上流の本谷川《ほんたにがわ》に至る。その付近に西側から合流している支流が滑沢である。

この付近の滑沢と本谷川の河床は、美しい節理（冷却時の収縮によってできた亀裂）をもつ溶岩流の一枚岩におおわれている。岩の表面は水流に削られて滑らかになっており、それが滑沢の名の由来であろう。秋には、紅葉と岩肌との対照がみごとである。この溶岩流は、滑沢沿いをしばらく上流までたどることができ、古木「天城の太郎杉」の近くには火山性の土石流の地層も見られる。これらをもたらした火山（滑沢火山）が、その上流のどこかにあったことは間違いない。調査の結果、火口の位置は太郎杉の南南東二百五十メートル付近の沢ぞいにあることがわかったが、浸食のために地形的には不明瞭である。

さて、昭和の森会館が立つ敷地の下にも溶岩流があり、その断面が国道から滑沢に下る林道ぞいの崖に見えている。この溶岩流も滑沢火山の噴出物と考えられたことがあったが、両者の岩質は少し異なる上、地形的に見ても両者の噴火年代には差がある。詳しい調査の結果、昭和の森会館の地盤をなす溶岩流は、その南東側の山中から谷を流れ下ってきたことがわかった。滑沢渓谷バス停の五百メートルほど東、エサシノ峰林道の終点付近に火山弾を含むスコリア層が見つかったため、その付近を火口と考えて「エサシノ峰火山」と呼ぶことにした。

滑沢渓谷の河床をおおう滑沢火山の溶岩流

滑沢火山の噴火にともなう火山性の土石流の地層

80. 川奈南・台ノ山・アラ山・赤坂南

噴火した年代がまだよくわからない火山が、伊東付近にもいくつかある。

174頁で述べた小室山の南東千五百メートルほどの川奈ゴルフ場内に、標高一一〇メートルの小高い丘がある。この丘は、小室山や大室山などと同じスコリア丘（川奈南火山）であり、流れ出た溶岩が五百メートルほど東の海岸に達している。スコリア丘は、これまで何度か説明してきた通り、溶岩のしぶき（スコリア）が火口のまわりに降りつもってできた小型の火山である。川奈南火山の噴火年代については、小室山（一万五千年前）より古く、梅木平（十万年前）より新しいという程度のことしか言えなかった。しかし、最近になって近くの道路工事現場の崖で、川奈南火山起源とおぼしきスコリア層が見つかった。まだ不確かな点もあるが、他の火山灰との関係から、川奈南火山の噴火年代を約三万四千年前と見積もることができた。

大室山の南西に伊東市池《いけ》の集落があり、そのすぐ西側は水田の広がる盆地となっている。この盆地の北に、標高三六〇メートルのドーム状をした台ノ山《だいのやま》がそびえている。台ノ山は、粘りけの多い溶岩が火口のまわりに盛り上がってできた溶岩ドームである。大室山の火山灰におおわれており、大室山のできた四千年前より少し古い四千四百年ほど前の噴火でできたとみられる。

一碧湖の南側に広がる高原は大室山の溶岩流におおわれた場所であり、元あった地形の凹凸は溶岩に埋め立てられて失われている。ところが、一碧湖の南一キロメートルほどの別荘地内に直径二百メートル、高さ二十メートルほどの小さな丘があり、丘の頂には火口とみられる凹地がある。調査の結果、この丘は溶岩流に埋め残された古いタフリングと判明し、付近の地名をとってアラ山火山と名づけられた。

南伊東駅の南東千五百メートルほどの山中に、直径三百メートルほどの円形の凹地がある。この凹地の北端を通る道路ぞいの崖には、火山弾を多数ふくむ爆発角《かく》れき岩が見られ、この凹地が爆発的噴火によってできたマール（赤坂南火山）であることがわかった。マールは、火口のくぼ地だけが目立つ火山のことであり、一碧湖などもその仲間である。

アラ山・赤坂南の二火山は、いずれも大室山よりは古いとみられるが、詳しい噴火年代は不明のままである。

西側から見た川奈南火山。遠くに見える島は伊豆大島

南側から見た台ノ山溶岩ドーム。手前は池の盆地

81. 川津筏場・観音山東・菅引・堰口川上流

河津町を流れる河津川を河口から三キロメートルほどさかのぼった付近に峰大橋と呼ばれる国道の橋がある。この橋の下は淵となっていて、北岸にあたる崖に見えている一枚岩は美しい節理をもつ溶岩である。この溶岩は、そこから六百メートルほど北東の山中から流れ下ったものであり、この火山を川津筏場《いかだば》火山と呼ぶ。噴火年代は、かつて鉢ノ山《はちのやま》（156頁）と同じ三万六千年前とみられていたが、最近の調査によってやや新しい一万四千年ほど前と判明した。

165頁で紹介した佐ヶ野川上流火山の溶岩流の東に隣接して観音山東火山がある。観音山東火山は、佐ヶ野川上流火山の噴火と同時に起きた爆発的噴火（二万七千年前）によってつくられたタフリングであり、山頂に長径二百五十メートルほどの火口地形が残っている。この火口を刻む谷間には、かつての火口湖にたまった泥などの地層を観察できる。

伊豆市（旧中伊豆町）を流れる大見川の支流の菅引川に沿った林道を南へ進むと、遠笠山の北西千五百メートル付近の道ぞいの崖に溶岩流の断面が見られる。この溶岩の岩質や化学組成は伊豆東部火山群のものである。火口の位置をまだ正確に特定できていないが、火山の存在自体は間違いないので、菅引火山という名前がつけられた。これと似たケースとして、東伊豆町を流れる堰口川の支流に沿った林道に、やはり伊豆東部火山群の溶岩流が見られる。場所としては、八丁池の南東三キロメートル付近の天城山中である。この溶岩流を流したはずの火山は、堰口川上流火山と呼ばれている。

菅引と堰口川上流の二火山は、従来の地形図を見る限りでは、その存在を知ること自体が困難である。たまたま溶岩流をまたぐ林道がつくられたため、発見されたに過ぎない。最近、航空レーザー測量というハイテク技術が開発された。飛行機から地表に向けてレーザー光線を発射し、木々の葉の透き間を通して地面から反射してきた光線を再びとらえ、森の下に隠れた地形を精度よく描き出す方法である(口絵3~5)。この技術革新によって新たに天子平と二本杉林道の二火山(152~157頁)を発見することができたが、この技術をもってしても菅引火山や堰口川上流火山の地形は明確でない。おそらくまだ未発見の小さな火山が天城山の深い森の中に眠っていることだろう。

河津川ぞいに見られる川津筏場火山の溶岩流

観音山東火山のかつての火口湖にたまった堆積物

第九章

伊豆東部火山群の時代

4千年前以降

82. 大室山(1) スコリア丘

伊豆高原の最高点にそびえる大室山(標高五八〇メートル)は、言うまでもなく伊東市で一番のランドマークであり、伊東のシンボルと言ってもよい山である。

火山学の言葉で言うと、大室山は伊豆東部火山群で最大のスコリア丘である。粘りけの少ないマグマが火口から噴水のように吹き上がると、たちまち冷え固まって暗い色をした軽石となる。これがスコリアであり、落下したスコリアが火口の周囲に降りつもってできた山がスコリア丘である。噴火の進行にしたがってスコリア丘が高く成長してくると、落下したスコリアは安定せずに、そのまま斜面をころがり落ちるようになる。火口の縁の内側にころがり落ちたものは再び火口の底に戻り、また吹き上がることをくり返す。縁の外側にころがり落ちたものは、スコリア丘の裾《すそ》を徐々に成長させていく。こうして、ついには底の直径が千メートル、底からの高さが三百メートルという、まるで巨大なプリンのような形の山体が作られたのである(口絵2上)。

大室山の山頂には、直径二百五十メートル、深さ四十メートルほどのスリバチ状の火口が残されている。この火口内には、噴火の最終段階で溶岩がたまり、溶岩湖がつくられた。火口の内壁の北東にへばりつくように、浅間神社と呼ばれる小さな神社が建てられている。この神社の裏手の崖に暗灰色の一枚岩が見られるが、これがかつて火口を満たしていた溶岩湖の一部である。溶岩湖を満たした溶岩の大部分は、やがて地下に戻ったり周囲にもれ出したりして消失したが、火口の内壁にへばりついた部分だけが残されたのである。岩の表面をよく観察すると、噴火時に溶岩湖の中に落下し、周囲と同化しかけた火山弾を見つけることができる。

一方、注意深い人は、大室山の南斜面の標高四五〇メートル付近にも、直径五十メートルほどの小さな火口を見つけることができるだろう（口絵3上）。火口の形が明瞭であることから、大室山がその成長をほぼ終えてからできたものと考えられる。おそらく噴火の最終局面に至って、地下の火山ガスの圧力が山頂火口に抜けにくい状態が生まれ、別の場所に抜け道をさぐった結果、少しだけ側面にもれて生じた火口なのだろう。

西側上空から見た大室山。プリン状の形が美しい

大室山の山頂火口の内部。中央やや右の建物が浅間神社。遠景の山は小室山

83. 大室山(2)　溶岩の流出口

大室山からは大量の溶岩が流出している。その量は大ざっぱに見積もって三億八千万トン、つまり四トン積みトラック約一億台分という途方もない量である。この溶岩が大室山の周辺にかつてあった地形の凹凸を埋め立て、なだらかな伊豆高原がつくられたのだ。

ただし、よくよく見ると、伊豆高原のすべてが大室山の溶岩流におおわれているわけではない。138～141頁と184頁で説明した払《はらい》、高室山、アラ山などの古い火山が、溶岩流に埋め残されている。また、伊豆ぐらんぱる公園の高台や、伊東市十足《とおたり》付近にあるいくつかの丘も、溶岩流に埋め残された部分である。国道135号線と城ヶ崎海岸の間にも、溶岩流におおわれていない小区画がいくつかある。溶岩流に埋め残されて孤立した高台や小区画のことを、ハワイ語を語源とした言葉で「キプカ」と呼ぶ。つまり、大室山の溶岩流にはキプカがたくさんある。このことは、大室山の溶岩流が総じて薄かったため、周囲の凹凸を完全には埋めきれなかったことを物語っている。

これらの溶岩流は、大室山のどの部分から流出したのだろうか? 大室山の北東に隣接して岩室山《いわむろやま》(標高四四八メートル)がある。岩室山の直径は約五百メートル、ふもとからの高さは七十メートルほどである。その平らな山頂には伊豆シャボテン公園が建てられているが、山腹は切り立っており、全体としてドーム状をなしている。山頂や山腹には角ばった大岩がごろごろしている。こうした特徴は、岩室山が溶岩ドームであることを示すものである。溶岩ドームは、雲仙普賢岳《ふげんだけ》の平成新山などと同種の火山で、粘りけの多い溶岩が火口から盛り上がってできる。大室山の南隣りにも岩室山とよく似た山(標高三一〇メートル）があり、森山と呼ばれている。岩室山より小さくて目立たないが、森山も溶岩ドームである。

大室山の周囲にある溶岩をその上流へとたどると、その多くは岩室山と森山に行き着く。つまり、これらの溶岩流は大室山から直接流れ出たものではなく、そのふもとにできた流出口から流れ出したのである。そして、噴火の最後が近づいて溶岩の粘りけが増した時に、流出口にフタをするように盛り上がったのが岩室山と森山なのである（口絵３上）。

東から見た大室山。大室山の右側にある丘が岩室山

東上空から見た大室山・岩室山・森山

84. 大室山(3) 噴火の推移

大室山の噴火は何年ほど続き、どのような推移をたどったのだろうか？ 溶岩流はいつ流れ出したのだろうか？ こうした疑問は、火山のまわりに降りつもった火山灰を調べることによって解決可能である。火山灰の中には、噴火の推移を知るためのさまざまな情報が含まれている。調査の結果、大室山の火山灰は全部で五層（下からA、B、C、D、Eの各層）に区分できることがわかった。

一番下にあるA層は、岩のかけらを多く含む層であり、大室山の東の狭い範囲（伊豆ぐらんぱる公園や東大室方面）にしかない。この岩のかけらは、おそらく最初に火口が開いた際に、火口の壁からはぎとられたものである。A層の分布範囲が狭いことから、風向きが変わらないうちに、つまり数日くらいの短い間に降りつもったとみられる。この段階では火口ができただけで、大室山そのものはできていないし、溶岩も流れ出さなかった。A層とB層の境界には、薄くて茶色い層がはさまれている。この層の厚さは火口に近づいても変わらないので、火山灰ではなく、土ぼこりの層と考えられる。つまり、ここで数年ほど噴火を休んだらしい。

B層は黒い火山灰である。A層以外の四層は大室山を中心とした幅の広い楕円状に分布することから、噴火中に何度も風向きが変わった、つまり噴火が長い期間続いたことがわかる。B層の中には木の葉の化石も発見されている。ただし、前述した土ぼこりの層以外には、噴火が長く中断した証拠が見つからないので、噴火全体が長くても十年以内に終わったとみられる。

C層は、スコリア（暗色の軽石）と火山灰が交互に重なる地層であり、スコリアには黒いものと赤やオレンジのものがある。大室山の近くでは、火山弾も含まれている。また、大室山からころがり落ちてきたとみられる岩もある。つまり、この頃になって大室山が高い山に成長したことがわかる。また、最初の溶岩流が、大室山の西のふもとから流れ出したのも、この頃である。

D層は細かな黒い火山灰であり、噴火の最終局面で地下水とマグマがふれ合って爆発性を増した時につもったらしい。前節で述べた岩室山と森山から大量の溶岩が流れ出したのが、この時期である。なお、E層はスコリアと岩のかけらで、大室山のごく近くにしかなく、前節で述べた大室山の南斜面の小火口から吹き出たとみられている。

大室山の西のふもとに降りつもった火山灰層の断面

大室山の東のふもとに降りつもった火山灰層の断面

85. 大室山(4) せき止め湖

前節で述べた大室山の火山灰C層が降りつもった頃、大室山の西のふもとから最初の溶岩流（溶岩流Ⅰ）がわき出した。この溶岩流の量は千三百万トンほどであり、北と南の二筋に分かれ、それぞれ伊東市十足方面と池方面に流れ下った。この頃、池付近の地形は現在とまったく異なっていて、その西の鹿《ろく》路庭《ろば》峠付近から始まる深い峡谷があった。溶岩流はこの谷に流れこみ、その途中をせき止めてしまった。その結果、谷底を流れていた川が出口を失い、おそらく一碧湖《いっぺきこ》二つ分くらいの面積の湖がつくられた。この湖が、現在の「池」の名の元となったのである。この湖は、まわりの山から流入した土砂によって徐々に埋め立てられ、明治初年には当初の三分の一ほどの大きさにまで縮小していた。明治二年になって、この湖の出口に排水トンネルを掘り、干拓して作られたのが現在の池の盆地である。

噴火が続き、次の火山灰D層が降りつもる頃になると、今度は大室山の北東と南のふもとの二ヶ所（前々節で述べた岩室山と森山）から、溶岩流Ⅰを三十倍ほど上回る四億トン近くもの溶岩（溶岩流Ⅱと溶岩流Ⅲ）があふれ、北・東・南東の三方向へと流れ始めた。北に向かった溶岩流は一碧湖の西岸をかすめ、城山《しろやま》の南東で伊東大川に流れ込んだ後、さらに北に一キロメートルほど流れて伊東市鎌田《かまだ》の近くまで達した。この溶岩流の一部が少しだけ一碧湖内に流れこみ、十二連島《じゅうにれんとう》と呼ばれる島の連なりをつくった。また、一碧湖の南東隣りにある沼池火口の中にも流れこんで、火口の南半分を埋めてしまった。さらに、この溶岩流によって十足付近の谷がせき止められたため、そこにも湖ができた。この湖はその後自然に埋め立てられ、現在の十足の盆地となっている。

大室山から東に向かった溶岩流は、伊豆ぐらんぱる公園の北側から谷間を東に下り、伊豆急行富戸《ふと》駅付近を通過した後に海に達し、海岸に溶岩扇状地をつくった（口絵1）。この扇状地の上につくられた町が、現在の富戸の温泉街である。南東に向かった溶岩流はもっとも量が多く、伊東市払と八幡野《やわたの》の間で海に流れ込み、かなりの面積の海が埋め立てられた。この結果つくられたのが、現在の城ヶ崎海岸である。

大室山の山頂から見た池の盆地。盆地の左（東側）に見える町の下に、大室山の溶岩流がある

東側上空から見た富戸温泉街。大室山から流れ出した溶岩が谷間を下って、手前の相模湾に流れこみ、指を広げたように流れ広がった様子がよくわかる

86．大室山(5) 城ヶ崎海岸の誕生

大室山のふもとから湧き出た溶岩（前節で述べた溶岩流IIと溶岩流III）が、もっとも大量に流れ下ったのが南東方向である。この溶岩流は、伊東市払と八幡野の間の幅四キロメートルの範囲で相模湾に流れこんで海を埋め立て、場所によっては海岸線を二キロメートル近く前進させた。噴火が広い陸地をつぎ足してくれたのである。この溶岩流の先端にあたる場所が、現在の城ヶ崎海岸である。大室山が噴火する前の海岸線は、現在の国道１３５号線と伊豆急行線の間くらいの位置にあったとみられるが、入り江や岬もあっただろうから、正確な形を描くためには詳しい地下の調査が必要である。

その後、噴火の最終段階になって、大室山の西のふもとから少しだけ溶岩が流れ出た。これが溶岩流IVである。山頂火口の中にたまった溶岩が、横からしみ出したものかもしれない。その量は微々たるもので、二百メートルほど流れただけで停まってしまった。この溶岩流は「さくらの里」公園の南に隣接した森の中にある。

噴火の終了後まもない頃に、大雨が降ったらしい。この雨は、火山灰におおわれて荒れた地表の土砂を押し流して土石流を発生させた。この土石流がもたらした黒々とした土砂の層を、大室山の南の道路ぞいの崖で今でも観察できる。

大室山の噴火は、三億八千万トンの溶岩を流しただけでなく、合計で一億三千万トンもの火山灰を周囲に降りつもらせた。この火山灰は、大室山から三キロメートル離れた八幡野や一碧湖《いっぺきこ》付近でも五十センチメートルの厚さをもち、伊東市役所付近や、遠く伊豆市の万城《ばんじょう》の滝付近でも厚さ数センチメートル

の黒い層として確認できる。

この大室山の火山灰層と、他の火山の火山灰層との上下関係から、大室山の噴火はおよそ五千年前に起きたと大ざっぱに考えられていた。しかし、最近になって伊豆高原の工事現場から大室山の火山灰に埋まっていた木が発見され、それに含まれる炭素の年代が約四千年前と測定された。また、伊東温泉街付近の遺跡の縄文土器と火山灰の関係からも、ほぼ同じ年代が推定されている。こうしたデータにもとづいて、大室山の噴火は約四千年前に起きたと考えられるようになった。

大室山の溶岩流が海を埋め立ててつくった城ヶ崎海岸

城ヶ崎海岸に流れこんだ大室山の溶岩に見られる柱状節理

87. 大室山(6) ポットホールとスコリアラフト

大室山の噴火は、さまざまな自然の造形をつくり出した。その代表的な例を二つ挙げよう。大室山の北西のふもとにある公園「さくらの里」の芝生の中に、転覆した船の胴体を半分に切ったような変な形の岩がつき出ている。船底は溶岩の一枚岩でできており、中身にはガサガサした感じの赤黒い軽石（スコリア）がつまっている。これはスコリアラフトと呼ばれるものであり、かつては大室山の山体の一部であった。溶岩が大室山の西のふもとから流れ始めた時、上に乗っていた山体の一部を崩して流れたものである。スコリアは気泡が多くて軽いので溶岩流の中に沈まずに、そのまま上に乗って流れ、溶岩流の表面をころがるうちにその周囲に溶岩がまとわりついたのである。ちなみに「ラフト」というのは、英語で筏《いかだ》の意味である。こうしたスコリアラフトは、さくらの里だけでなく、伊豆高原内の工事現場の崖などでも見つかることがある。

大室山の溶岩流が流れこんでできた城ヶ崎海岸の中ほどに「かんのん浜」という場所があり、「ポットホール」と呼ばれる造形を観察できる。一枚の固い岩盤の上に、何らかの原因で大岩が置かれたとしよう。そこが川の中だったり、波打ちぎわだったりした場合に、どんなことが起きるだろうか？　大岩は、川の流れや打ち寄せる波によってひっきりなしに動き、その下の岩盤を徐々にうがって穴を開けていく。それとともに大岩自体も徐々にすり減っていき、最後には岩自体が消滅して、丸い穴の空いた岩盤だけが残される。こうしてできた丸い穴をポットホールと呼ぶ。ポットホール自体は、それほど珍しい存在ではない。しかし、かんのん浜にあるポットホールは、まだ大岩が穴をうがっていく途中の状態なので

大室山の西のふもとにあるスコリアラフト

ある。この大岩自体も元は溶岩流の一部であったが、角をすっかり落とされて完全な球形をしており、表面は磨かれて鏡のようになっている。こうしたポットホールは、きわめて珍しい。球形になるまでには、おそらく数百年の時間を必要としたであろう。今は伊東市の天然記念物に指定されているが、国指定に格上げされてもおかしくないものである。これら自然のつくった奇跡のような造形を、どうか末長く大事にしてほしい。

城ヶ崎海岸の「かんのん浜」にあるポットホール

88．カワゴ平(1)　溶岩流と火砕流

シャクナゲの森で名高い天城連山の稜線をたどるハイキングコースは、東の天城高原ゴルフ場に始まり、万二郎岳《ばんじろう》（標高一、二九九メートル）、伊豆半島の最高峰である万三郎岳《ばんざぶろう》（標高一、四〇五メートル）を経て、さらに西の八丁池（標高一、一七〇メートル）に至る山道である。その途中、万三郎岳の西千五百メートルほどの稜線のすぐ北側に、カワゴ平《だいら》（皮子平）と呼ばれる東西一キロメートルほどの凹地がある。凹地は北に向かって開いたU字形をしており、底の標高は一、〇九〇メートルほどである。この凹地は、爆発的な噴火によってできた巨大な火口であり、地名にちなんでカワゴ平火山と呼ばれている。

この火口から北に向かって、分厚い溶岩が流れ出していることが地形からはっきりわかる（口絵4）。溶岩流の厚さは五十メートルほどもあり、天城山の北斜面を四キロメートル流れて伊豆市筏場《いかだば》の南に達している。溶岩流の末端や左右の端が切り立った崖になっており、粘りけの多い流れであったことがわかる。

この溶岩流をつくっている岩石は、伊豆東部火山群の中では珍しい流紋岩という種類の火山岩であり、みかけは灰白色のごつごつした岩であるが、火山ガスの抜けた気泡をたくさん含むために、まるで軽石のように軽い。その軽さや耐熱性が注目され、天城抗火石《こうかせき》と呼ばれて建材などの用途のために古くから採石されてきた。

この溶岩流の北端から筏場付近にかけて、さらに異様なものが分布している。分厚い火砕流である。

カワゴ平火山の溶岩流の断面

火砕流は、一九九〇年から始まった長崎県の雲仙普賢岳の噴火によって有名になった現象であり、高温の火山ガスと火山灰などが一体となって山の斜面を高速で流れ、停止後はガスが抜けて独特な見かけをした地層を残す。筏場付近にある火砕流は、ピンク色がかった灰白色の細かな火山灰の中に白い軽石が転々と散らばる地層であり、厚さが二十メートルにも達する。この地層はもろくて浸食されやすいために、あちこちに切り立った谷が刻まれている。一九五八年狩野川台風の際には大量の土砂が流出して、大きな被害を招いた。

カワゴ平火山の火砕流がつくった台地を刻む深い谷

89. カワゴ平(2) 軽石と火山灰

火砕流が残した地層の中には、黒い炭が点々と含まれている場合が多い。これは、当時そこに生い茂っていた植物が取り込まれ、火砕流の熱によって焼かれて炭化したものである。カワゴ平火山の火砕流の中にも、数多くの炭を見つけることができる。中には太い枝や幹の一部や、巨木が丸ごと含まれる場合もある。こうした巨木は、神代杉《じんだい》・神代ヒノキなどと呼ばれ、炭化していない内部が木材資源として利用されたこともあった。こうした神代杉やヒノキの標本を、伊豆市上白岩にある中伊豆歴史民俗資料館や、同市湯ヶ島の昭和の森会館などで見学することができる。

火砕流は、火山灰や軽石が火山ガスと一体化してふわふわになった状態で流れるため、流れている間はもとより、停止した後も内部に残っていたガスが徐々に抜けていく。このため火砕流の地層には、こうしたガス抜けの通路になったパイプ状の構造があちこちにできる。また、火砕流から抜けたガスは、細かな火山灰とともに、火砕流が流れた場所の上空にもうもうと噴煙のように立ち上る。これが火砕流の「灰神楽《かぐら》」である。この灰神楽に含まれる細かな火山灰は、やがて少しずつ地上に舞い降り、薄くて細かな火山灰の層をつくる。時には風に流されて遠くまで飛んでいき、火砕流が到達できなかった場所の地表をおおうこともある。132頁や162頁で述べた鬼界葛原《とづらはら》火山灰やAT火山灰は、はるばると九州から伊豆上空までたなびいてきた灰神楽から降りつもった火山灰である。カワゴ平火山の火砕流が残した地層にも、こうしたガス抜けパイプ構造や、灰神楽の火山灰層を見つけることができる。

カワゴ平火山が噴出したものは、火砕流と溶岩流だけにとどまらない。火口上空に立ち上った噴煙から降りつもった軽石と火山灰が、伊豆半島の広い範囲に層をなしている。これらの軽石と火山灰は黄白色をしており、まわりの暗い土とは際だって明るい色をしているため、誰でもその気になれば、すぐに見つけることができる。カワゴ平火山の軽石と火山灰は、火口から北西の方角に厚く分布し、富士山ろく、静岡平野、浜名湖の湖底などの各地や、遠く琵琶湖西岸の比良《ひら》山地でも発見されている。

カワゴ平火山の火砕流に取り込まれて焼けた木の幹。直立していることから、立ったまま焼かれたことがわかる

カワゴ平火山の噴火によって降りつもった軽石と火山灰

90. カワゴ平（3） 噴火年代

伊豆の広い範囲に分布するカワゴ平火山の軽石や火山灰は、いつも地表から数十センチメートル以内の浅い地下に見つかる。古い地層ほど地下深く埋もれてゆくので、地表近くにあるということは、噴火年代が新しいことを意味している。大室山の火山灰が降りつもった範囲内では、カワゴ平火山の軽石・火山灰は、いつも地表と大室山の火山灰の間に見つかる。つまり、カワゴ平火山の噴火年代は、大室山が噴火した四千年前より新しい。さらに、カワゴ平火山の火砕流に埋もれた神代杉の炭素年代がいくつか測定されており、いずれも二千八百年前から三千三百年前の間の値を示す。

ここで炭素年代とは何かを説明しておこう。大気中の二酸化炭素中に含まれる炭素の中には、地球外から降り注ぐ宇宙線によって生成された放射性のものがわずかに含まれている。この放射性炭素は、光合成によって植物の中に取り込まれ、植物が死んだ後は外界との炭素の行き来がなくなるため、放射性壊変《かいへん》によって徐々に失われていく。放射性壊変とは、ある種の元素が放射線を出しながら、少しずつ別の元素に変化していくことである。壊変の速度は一定なので、地層中の植物片に含まれる放射性炭素の量を測定することによって、その植物が生きていた頃の年代を知ることが可能である。ただし、大気中の放射性炭素の量自体が時代とともに変化するため、炭素年代から実際の暦年代への補正が必要である。こうした補正の問題も考慮しつつ、他の火山灰との関係も参考にして、カワゴ平火山の噴火年代は、およそ三千二百年前であったと見積もられている。

前節で述べたように、カワゴ平火山の火山灰は伊豆半島以外の地域でも見つかるため、そうした地域での三千二百年前の時間面を意味する良い基準として利用されている。たとえば、富士山の火山灰との関係から富士山の噴火史を調査する助けとなったり、あるいは活断層に切られているかどうかを調べることによって、活断層の動いた年代を知るなどの成果が得られている。たとえば、富士山では、カワゴ平火山灰のすぐ上に三枚のスコリア（暗色の軽石）層が次々と折り重なることから、カワゴ平の噴火から百年ほどの間に、富士山でも三回の大噴火が次々と発生したことがわかった。

富士山の噴火で降りつもったスコリア層の間にはさまれるカワゴ平火山灰（写真中央の白色の層）。御殿場市太郎坊

東静岡駅の建設現場の崖で発見された２枚の火山灰（写真中央の明るい２枚の層）。下の層がカワゴ平火山の火山灰。上の層は富士山の噴火で降り積もった大沢スコリア。ともに厚さは２センチメートルほど

91. カワゴ平（4） 噴火の推移

これまでの研究によって、カワゴ平火山の噴火の推移は、おおよそ次のようであったと考えられている。およそ三千二百年前のある日、天城山の地下で不気味な群発地震活動が始まった。やがて季節も夏にさしかかった頃、ついに火口が開いて爆発的な噴火が始まり、巨大なキノコ状の噴煙が成層圏にまで立ち上った。成層圏には通常ジェット気流の西風が吹いているが、この西風は夏季になると弱まり、低気圧や台風などの影響で別方向の風が吹くことがある。この噴煙も、そうした時期の南東風にあおられて火口の北西に流され、風下の地域では噴煙に運ばれた軽石の雨が降りそそいだ。

ここで噴火は小康状態となり、火口には小さな溶岩ドームが盛り上がった。しかし、この最初の噴火は、さらに大量のマグマの眠りを覚ますきっかけとなったらしい。すぐに次の爆発的噴火が始まって火口にフタをしていた溶岩ドームをこなごなに吹き飛ばしたため、風下では軽石の中に交じって、溶岩ドームの破片である黒曜石《こくようせき》の岩片が降りつもった。

この後、噴火はさらに深刻な事態を迎える。火砕流の発生である。噴煙の一部がくずれ落ち、火砕流として天城山の斜面を流れ始めたのである。最初の二回の火砕流は北西に流れ、その先端は伊豆市湯ヶ島の近くにまで達した。その後も噴煙からの軽石の降下と小規模な火砕流がくり返された。最後の火砕流はもっとも規模が大きく、一度に三千万トン分のマグマが火砕流となって流れ、伊豆市の筏場付近を埋めつくしたほか、天城山の稜線を越えて東伊豆町方面にも流れた。なお、ここまでの風向きは噴火開始時と同じ南東風であり、風向きが変化する間もない短い期間、おそらく数日以内のできごとであったことを物語っている。

その後、ガス成分の抜けたマグマが火口から大量に流出し、四億トンもの量の溶岩が北方へゆっくりと流れ下って、すべての噴火が終了した。この噴火によるマグマの総噴出量は七億六千万トンに達し、大室山を二億トン以上も上回る、伊豆東部火山群で最大級のものである。噴火によって広大な面積の森林が破壊されたため、噴火終了後も雨が降るたびに大規模な土石流が発生し、大見川を何度も流れ下った。

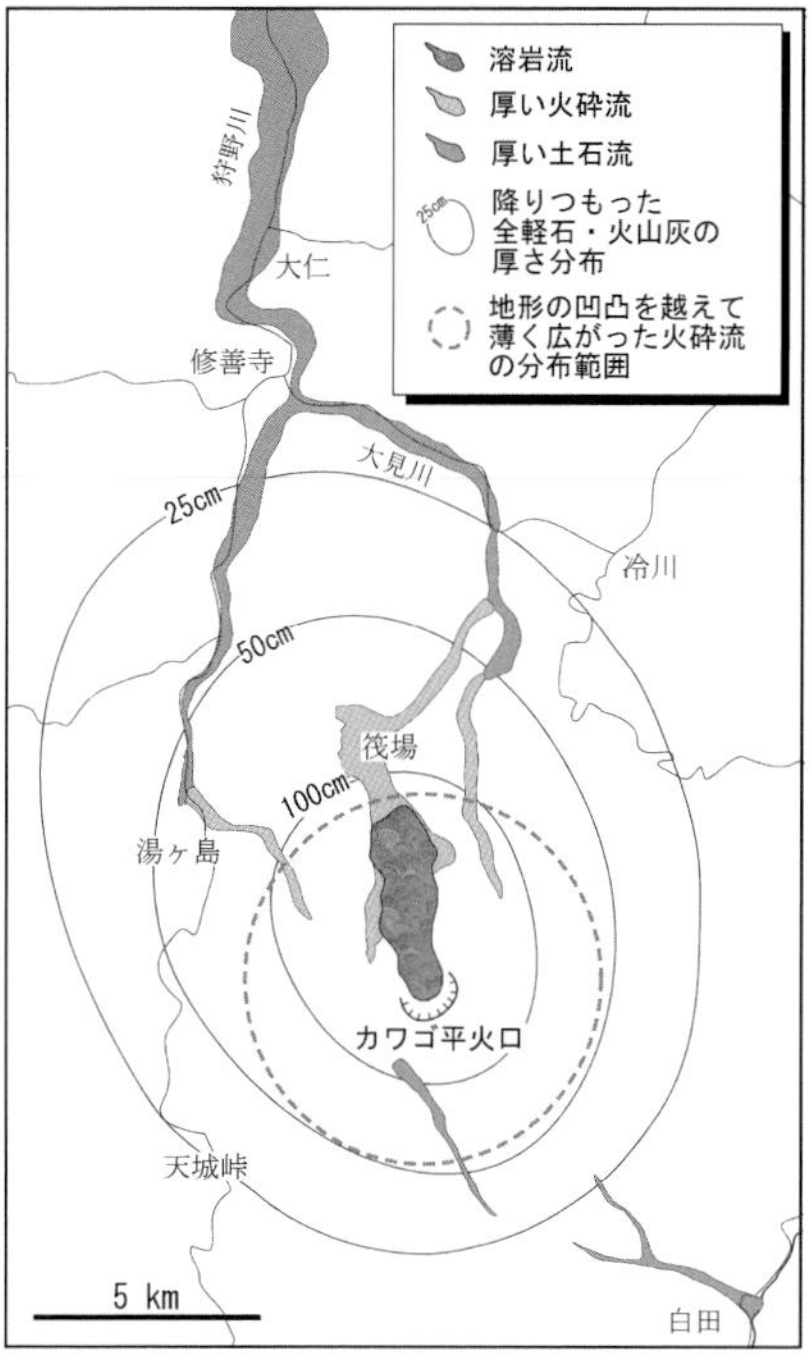

カワゴ平火山のおもな噴出物等の分布図。細い実線は主要道路

カワゴ平火山の火砕流の上をおおう土石流堆積物。伊豆市筏場

92. カワゴ平（5）　戦慄すべき噴火

本書をここまで注意深く読んできた読者はすでにお気づきのことと思うが、カワゴ平火山は、それ以前に噴火した伊豆東部火山群の火山には無かった特徴をいくつか備えている。

まず第一に、伊豆東部火山群の噴火史上初めて流紋岩質のマグマが噴出したことである。それまでの伊豆東部火山群で噴出したマグマのすべては、比較的粘りけの少ない玄武岩質と安山岩質のものであった。粘りけの少ないマグマからは火山ガスが抜けやすく、ガス圧が高まることによる爆発的噴火が起きにくい。それに比べて、流紋岩質マグマは粘りけが強いために爆発的な噴火を起こしやすく、防災上は格段の注意が必要となる。

第二に、伊豆東部火山群の噴火史上初めて火砕流が発生したことである。202頁以降でも述べたように、火砕流は高温・高速の噴煙が地表にそって長距離を流れる危険な現象であり、すばやく遠くに逃げるほかに防災上の選択肢がない。

第三に、被災範囲の広さが挙げられる。カワゴ平火山の噴火では、伊豆の広い範囲に大量の火山灰や軽石が積もって森林が破壊され、その後も雨が降るたびに大規模な土石流が発生し、狩野川の河口付近にまでその影響が及んだ。ほとんど被害のなかった地域は、伊豆では松崎町・南伊豆町・下田市・熱海市くらいに限られる。降灰の被害は、伊豆だけでなく中部地方の広い範囲に及んだ。

このように、カワゴ平火山の噴火は、伊豆東部火山群としては初めてづくめの異例な噴火であった。火山の防災対策は噴火史を参考にして立てられるのが普通であり、噴火史の上で全く発生しなかった現象が次々と発生するようだと、対策はお手上げとなりかねない。現代を生きる私たちは、伊豆でもカワゴ平火山のような凶暴な噴火が起きえることをすでに知っており、そのための対策を整えることができる。しかし、仮に現時点が三千二百年前のカワゴ平火山の噴火直前だとすれば、今後まったく予想もしなかった噴火に襲われていたことになり、背筋が寒くなる。カワゴ平火山の噴火は、火山災害では想定外の事態が起きえることや、仮にそうした事態が生じたとしても全くのお手上げ状態にならないための最低限の対策を整える必要があることを強く物語っている。

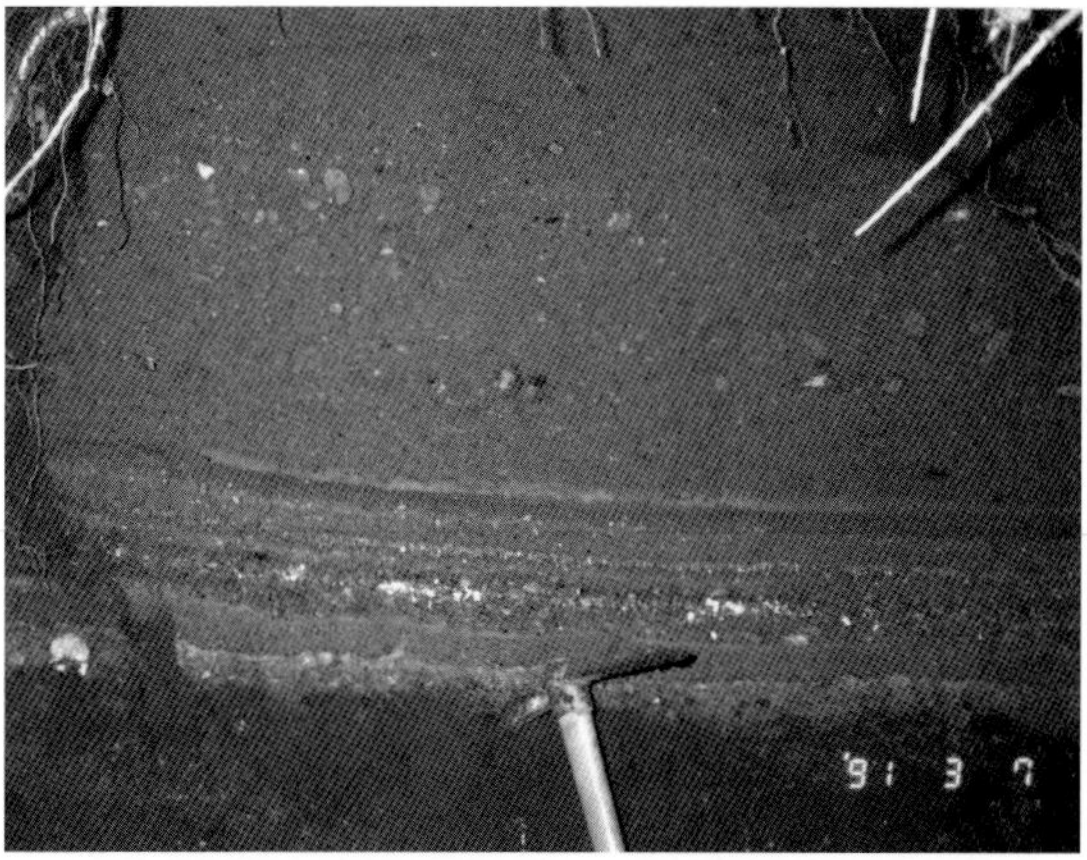

つるはしの刺さっている位置から上が、カワゴ平火山の噴火によって積もった地層。下の縞々の地層が、噴煙から降りつもった軽石と火山灰。その上をおおう縞のない地層が、火口から流れてきた火砕流。伊豆市地蔵堂付近

カワゴ平火山の火砕流堆積物。白い塊は大きな軽石。つるはしの上に見える１枚の層は、２枚の火砕流の間に降りつもった軽石層

93. 岩ノ山

大室山の周辺では、大室山が噴出した火山灰と地表との間に、褐色の岩片ばかりからなる地層が一枚はさまっている。よく見ると、この岩片は気泡の少ないスコリア（暗色の軽石）であり、カワゴ平火山が噴出した軽石の層よりも上に位置している。つまり、カワゴ平火山が噴火した三千二百年前よりも後の時代に、近くで別の火山が噴火したのである。

褐色岩片の地層の分布範囲は東西に細長く、西に行くほど厚くなっていき、鹿路庭峠の北西千五百メートルほどの場所にある岩ノ山（標高六〇二メートル）付近で最大となる。岩ノ山は流紋岩の溶岩ドームであるが、褐色岩片は安山岩質であって岩質が異なるため、かつて両者は別々の火山の噴出物と考えられていた。

しかし、岩ノ山の南西のふもとにある林道沿いの崖に、岩ノ山から噴出したとみられる厚い爆発角《かく》れき岩が発見された。爆発角れき岩とは、マグマと水が触れ合って生じた爆発的な噴火によって火口周辺に降りつもった大岩や岩片からなる地層のことである。驚くべきことに、発見された爆発角れき岩の地層は、その下半分は黒っぽい安山岩の岩塊や岩片からなるが、上半分は灰白色をした流紋岩質の岩塊や岩片を多く含む。つまり、噴火の途中でマグマの化学的性質が変化したのである。

以上のことから、岩ノ山火山の噴火は次のように推移したと考えられている。最初の噴火は、安山岩質マグマと地下水とが触れ合うことによる爆発的な噴火によって始まり、その際に火口上空に立ち上った噴煙が西風に流され、噴煙に含まれていた岩片が大室山周辺に降りつもった。これが最初に述べた褐色岩片の地層である。その後、マグマの性質が変化した後に、地下水が涸れたことによって噴火自体が穏やかなものとなり、粘りけの多い流紋岩質の溶岩が火口に盛り上がり、火口にフタをする形で溶岩ドームをつくって噴火が終了した。

岩ノ山火山が噴火した年代は、火口近くの爆発角れき岩の中から見つかった樹木の炭素年代や、カワゴ平火山の噴火年代との関係を参考にして、おおよそ二千七百年前と推定されている。

岩ノ山火山から噴出した爆発角れき岩

空から見た岩ノ山溶岩ドーム

94. 矢筈山と孔ノ山

前節で述べた岩ノ山の近くには、同時期に噴火したとみられるいくつかの火山がある。それらを紹介していこう。

大室山の山頂から西方を望んだ人は、ごつごつしたドーム状の山が天城山の中腹にせり出していることに気づく。伊東市民には「げんこつ山」の名称でも知られる矢筈山《やはずやま》（標高八一六メートル）である。矢筈山は、粘りけの強い溶岩が火口から盛り上がってできた溶岩ドームである。よく見ると、矢筈山の北西隣りにも似た形をした低い山がある。これも溶岩ドームであり、孔ノ山《あなのやま》（標高六六〇メートル）と呼ばれている。

溶岩ドームは、一九九〇年から始まった長崎県の雲仙普賢岳の噴火で有名になった言葉である。この噴火でできた溶岩ドームが、現在の平成新山である。他の例としては、北海道の有珠山の噴火でできた昭和新山が昔から有名である。また、海外では、ミネラルウォーター「ボルヴィック」のラベルに描かれている「ピュイ・ド・ドーム」（フランス中部）がその代表と言ってよいだろう。溶岩ドームは、英語ではラバ・ドームと言い（ラバは溶岩の意味）、かつては溶岩円頂丘と訳されたが、普賢岳の噴火の際に報道各社が「溶岩ドーム」という言葉を使用し始めたため、学者の間でもそれが定着してしまった。

伊豆東部火山群の中では、溶岩ドームは珍しい存在である。前節で紹介した岩ノ山と、ここで述べた矢筈山・孔ノ山のほかに、184頁で紹介した台ノ山、208頁で紹介したカワゴ平（現在は消滅）の合計五例（192頁で紹介したような、溶岩の流出口に出現する特殊例を含めても七例）しかない。これは、伊豆東部火山群で噴出する溶岩の大部分が粘りけの弱いものであり、溶岩ドームができにくいためである。しかも、小室山の溶岩流出口にできたものを除くすべての溶岩ドームが五千年前以降に噴火した新しいものである。このことは、伊豆東部火山群が徐々にその性格を変えつつあることを意味している。

伊東市池付近から見た矢筈山（左）と孔ノ山（右）

伊東市十足付近から見た矢筈山溶岩ドーム。背後に隠れているのは遠笠山

フランス中部にある溶岩ドーム「ピュイ・ド・ドーム」

95. 岩ノ山—伊雄山火山列

前節で述べた二つの溶岩ドーム、矢筈山と孔ノ山は、浸食による凹凸の激しい天城山の北東斜面に噴出したため、それぞれの山体の周囲にかつての谷をせき止めた跡とみられる凹地がいくつか残っている。とくに、両山体の南西隣に位置する凹地が目立って大きい。

しかし、孔ノ山と２１２頁で述べた岩ノ山との間には、そうしたでき方では説明がつかない孤立した凹地が四つあり、北西側からそれぞれ岩ノ窪東、岩ノ窪西、富士見窪、孔ノ窪《あなのくぼ》と呼ばれている。これらの凹地は、小規模な水蒸気爆発を起こした火口とみられている。もっとも大きな孔ノ窪（直径二百メートル）からは一枚の溶岩流が流れ下り、すぐ北東の遠笠山道路付近に達している。

一方、反対方向に目を転じると、矢筈山の南東三キロメートルに伊雄山《いおやま》（標高四五九メートル）がある。伊雄山は、伊東市の赤沢別荘地の背後にある小高い丘であるが、実は大室山などと同じく、粘りけの少ない溶岩のしぶきが火口の周囲に降りつもってできたスコリア丘である。１７６頁でも述べたように、伊雄山からは二億トンもの溶岩が流出して東側の相模湾に流れこみ、現在の浮山《うきやま》温泉郷のある広い台地がつくられた。

その後の土地改変によって今ではわかりにくくなってしまったが、赤色立体地図を見ると、伊雄山から流れ出た溶岩流の地形が見事に残っているのが見てとれる。溶岩流が伊雄山の東のふもとから二筋に別れて流れ下り、それぞれが相模湾に達した後に海を埋め立てて広がり、やがて合体してひとつの溶岩台地を形成していった様子が手にとるようにわかる（口絵３下）。

以上述べた火山や火口は、前節で述べた岩ノ山とともに、北西―南東方向の見事な火山列をつくっている。北西から岩ノ山―岩ノ窪西―岩ノ窪東―富士見窪―孔ノ窪―孔ノ山―矢筈山―伊雄山の順であり、端から端までの距離は約六キロメートルである。この火山列は、すでに本書でいくつか例を述べてきたように、同じ噴火割れ目の上に同時に噴火してできたとみられている。噴火年代は、前節の岩ノ山の説明で述べた通り、約二千七百年前である。

伊東市赤沢の沖から見た伊雄山

東側上空から見た伊雄山。伊雄山から流れ出した二筋の溶岩が手前の相模湾に流れこみ、浮山温泉郷のある２つの溶岩台地をつくった

96. 噴火史のまとめ(上) 噴火場所の変遷

前節をもって、伊豆東部火山群のうちの陸上にある各火山の紹介を終えた。このほか82頁などで説明したように、伊豆東部火山群に属する海底火山が東伊豆沖に多数分布するが、その噴火年代のほとんどは不明である。唯一の例外が一九八九年七月に伊東沖で噴火した手石海丘《ていしかいきゅう》である。二十年前の伊東市民を恐怖におとしいれた手石海丘の噴火については後で詳しく述べるとして、ここでは伊豆東部火山群の陸上部分全体の歴史をふりかえることにしよう。

まず、噴火した場所に注目する。十五万年前から八万年前にかけては、遠笠山より北にある火山が次々と噴火した。伊豆の国市・伊豆市・伊東市の三市にまたがる高塚山—巣雲山火山列(十三万一千年前)や、伊豆市の日向《ひなた》火山(十二万九千年前)と船原火山(十五万年前)、伊東市の一碧湖火山列(十万年前)などが、この時代のものである。つまり、火山群の北半分がこの時期にできたと言える。

続いて八万年前から二万年前にかけては、伊東市内での火山噴火が引き続く中で、伊豆市の南部(旧天城湯ヶ島町)や河津町内で多数の火山が噴火した点が注目される。河津町の鉢ノ山《はちのやま》(三万六千年前)、伊東市の鉢ヶ窪(二万三千年前)火山などが、この時代のものである。つまり、この時期に火山群の活動域が南に広がった。

そして、二万年前から現在までは、火山群の中心部にあたる伊東市から東伊豆町を経て伊豆市南縁部にかけての噴火が活発であった。伊東市の小室山(一万五千年前)、大室山(四千年前)、岩ノ山—伊雄山火山列(二千七百年前)、伊豆市の鉢窪山(一万七千年前)やカワゴ平火山(三千二百年前)が、この時代のものである。

次に、各火山が噴出したマグマの種類（岩石種）を見てみよう。十五万年前から二万年前にかけては、比較的粘りけの弱い玄武岩と安山岩ばかりが噴出している。しかし、二万年前以降（実質的にはカワゴ平火山が噴火した三千二百年前以降）になって初めて、粘りけの強い流紋岩質のマグマが噴出するようになった。

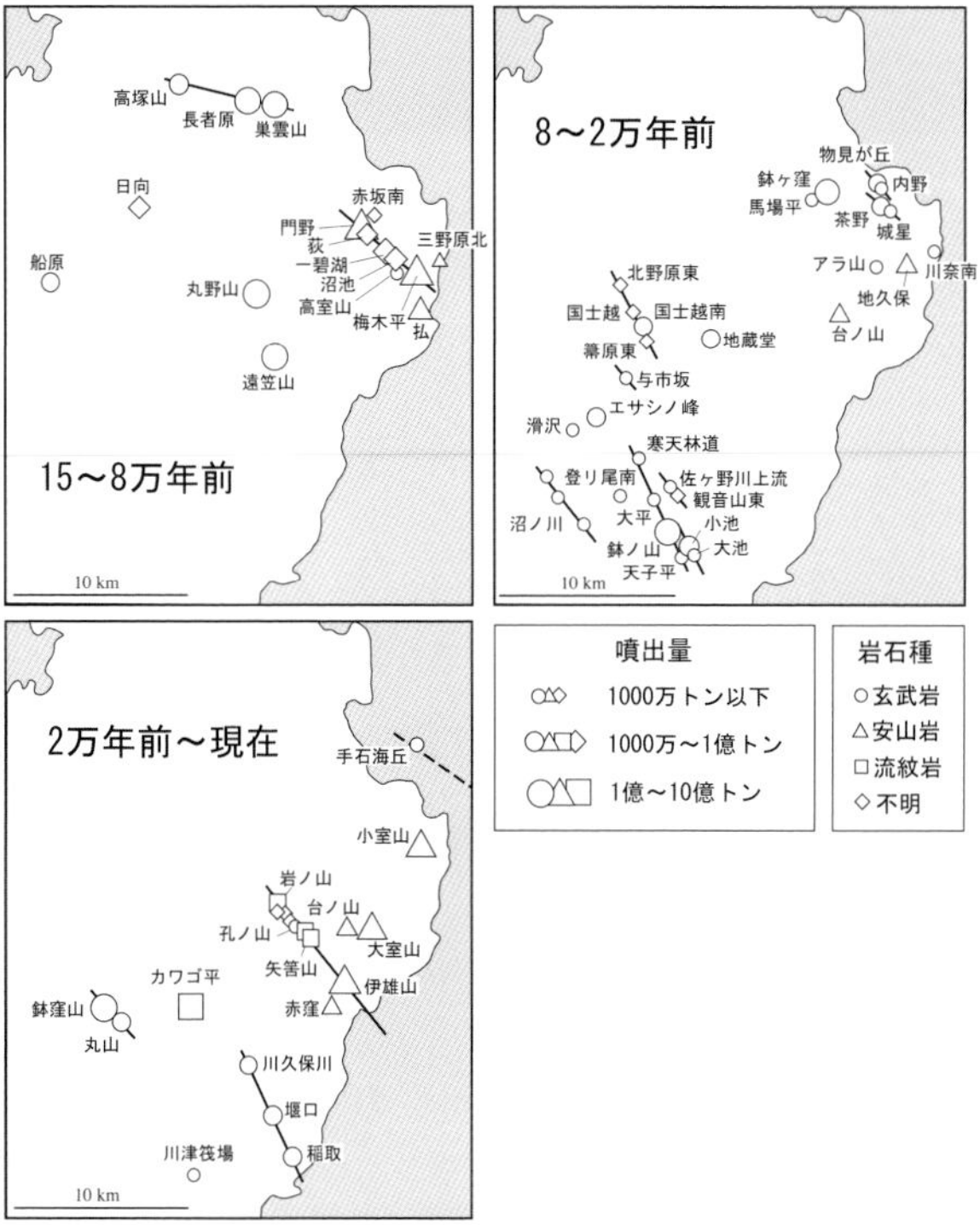

伊豆東部火山群の各火山の噴火位置、噴出したマグマの量（噴出量）、噴出したマグマの種類（岩石種）のまとめ。噴火年代不明の火山は除いている

97. 噴火史のまとめ(中) 深刻な未来

伊豆東部火山群では、その誕生以来、比較的粘りけの弱いマグマ(玄武岩質または安山岩質)ばかりが噴出していたが、カワゴ平火山が噴火した三千二百年前以降になって初めて、粘りけの強い流紋岩質のマグマが噴出するようになったと前節で述べた。このことは、横軸に噴火年代、縦軸にマグマの噴出量をとったグラフをつくると、さらに明確になる。図中の太い縦棒の長さが各噴火の大きさ(マグマの噴出量)を示し、棒の先端の記号がマグマの種類を示している。この図で、□印をつけた流紋岩質マグマの噴火が図の右端近く(最近三千二百年間)にしかなく、他は○印(玄武岩質マグマ)と△印(安山岩質マグマ)の噴火ばかりであることが一目瞭然である。

一方、噴火の大きさにも注目してみよう。十万年前より古い時期には一碧湖火山列や巣雲山火山列などの比較的大きな噴火が多かったが、十万年~四万年前の期間は小さな噴火ばかりの穏やかな時代であったことが見てとれる。ところが、三万六千年前の鉢ノ山の噴火以降は再び大きな噴火が起きるようになり、とくに最近四千年間は大室山(五億一千万トン)、カワゴ平(七億六千万トン)、岩ノ山―伊雄山火山列(合計で三億六千万トン)と、横綱クラスの噴火が立て続いて起きた。

こうした傾向は、伊豆東部火山群の誕生以来のマグマ噴出量を積算して示したグラフ(階段図)を書くと、一層よくわかる。階段図では、噴火が起きていない期間はグラフが水平となり、噴火が起きると階段のステップができる。各ステップの高さは、各噴火の噴出量である。平均的なマグマの噴出率が低い時期は階段の傾きが緩やかであり、噴出率が高い時期には階段が急になる。十万年前までの階段は急であり、十万~四万年の間の階段は緩やかである。しかし、四万年前以降の階段は再び急になり、四千年前からは登り切れないくらいの急傾斜となっている。このことは、現在の伊豆東部火山群は大きな噴火が立て続けて起きやすい時期にあり、今後も横綱クラスの噴火がいつ起きてもおかしくないことを意味している。

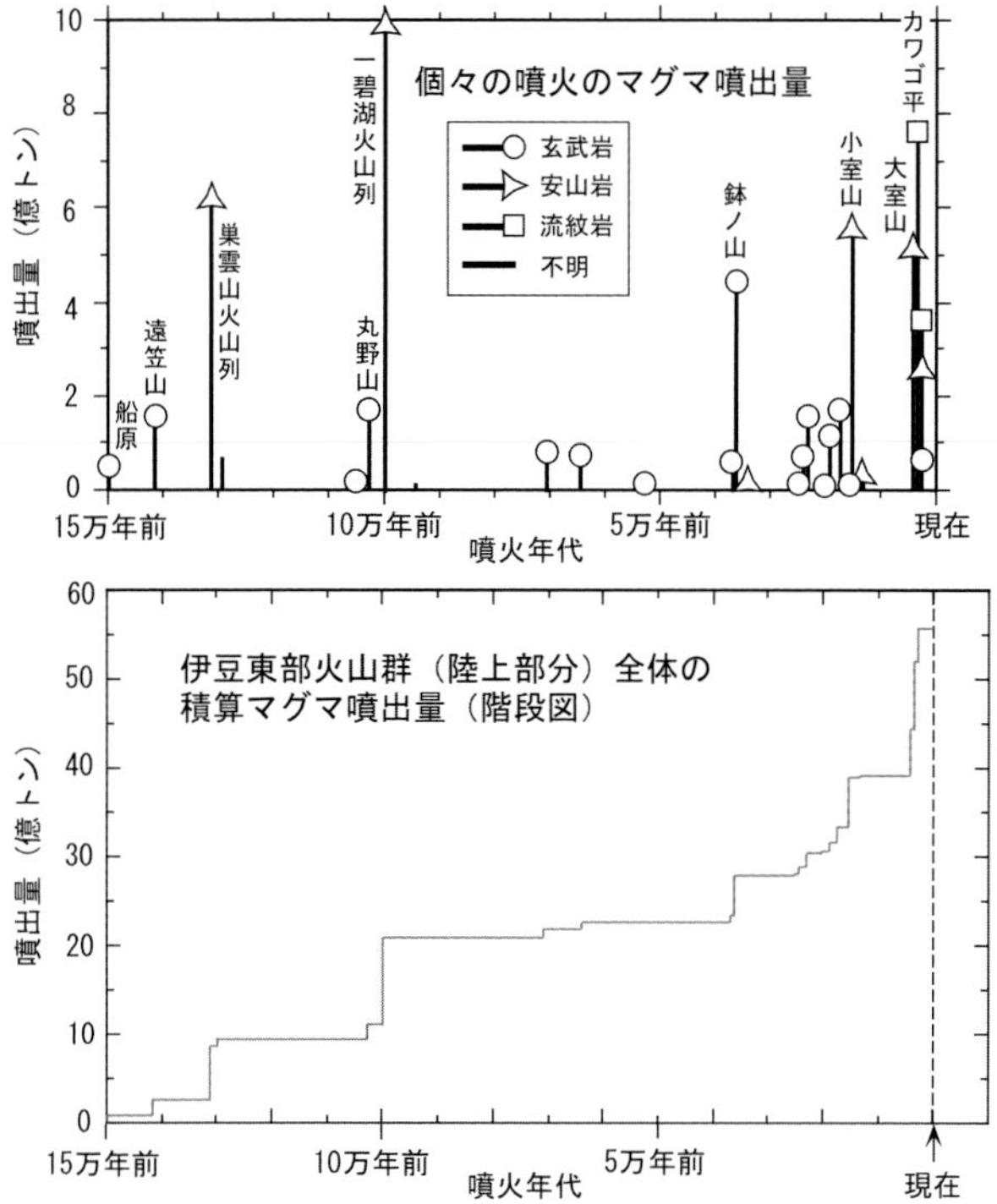

上図は、伊豆東部火山群の各火山の噴火年代とマグマ噴出量。
下図は、伊豆東部火山群全体の積算マグマ噴出量の時間変化（階段図）

98. 噴火史のまとめ(下)　ドーナッツ状構造

伊豆東部火山群のマグマだまりは、どこにどのような形で存在するのだろうか? 各火山で噴出したマグマの種類は、この答を知るための重要な手がかりとなる。伊豆東部火山群では、その分布の外寄りに粘りけの弱い玄武岩質マグマだけが噴出する領域(玄武岩領域)が存在する。玄武岩領域の内側には、玄武岩質マグマに加えて、より粘りけの強い安山岩や流紋岩質のマグマが噴出する領域(安山岩/流紋岩領域)がある。安山岩質や流紋岩質のマグマは、玄武岩質マグマが地殻の一部を溶かし込んだり、異なる種類のマグマが混ざり合ったりしてできる。一方、地震波を使って地下構造を調べた研究によって、伊豆半島東部の地下十五キロメートルほどの広い範囲にマグマがたまっていると推測されている。

こうしたデータから、玄武岩領域と安山岩/流紋岩領域がつくるドーナッツ状構造は、おそらく地下にあるマグマの分布そのものを示すと考えられている。内側の領域にだけ安山岩質・流紋岩質マグマがあるのは、伊豆東部火山群の誕生以来少しずつ上ってきた玄武岩質マグマが、熱量の豊富な内側ほど大量の地殻を溶かしたためであろう。ただし、ひとつひとつのマグマだまりは小さく、合体が進んでいないため、二千七百年前の岩ノ山—伊雄山火山列の噴火で見られたように、ひとつの噴火割れ目上で異なる種類のマグマが噴出することがある。

以上のことは防災上もきわめて重要である。粘りけの強いマグマは爆発的な噴火をすることが多いため、安山岩/流紋岩領域で起きる噴火は、玄武岩領域で起きる噴火よりも一層の警戒が必要である。一九八九年七月の手石海丘の噴火は幸いなことに玄武岩領域で起きたが、マグマ活動の場所が今後も伊東沖にとどまる保証はない。地下のマグマ活動を示す群発地震がどこで起きるかに注目し、その場所が安山岩／流紋岩領域に足を踏み入れないかどうかに常に注意を払っていくべきである。

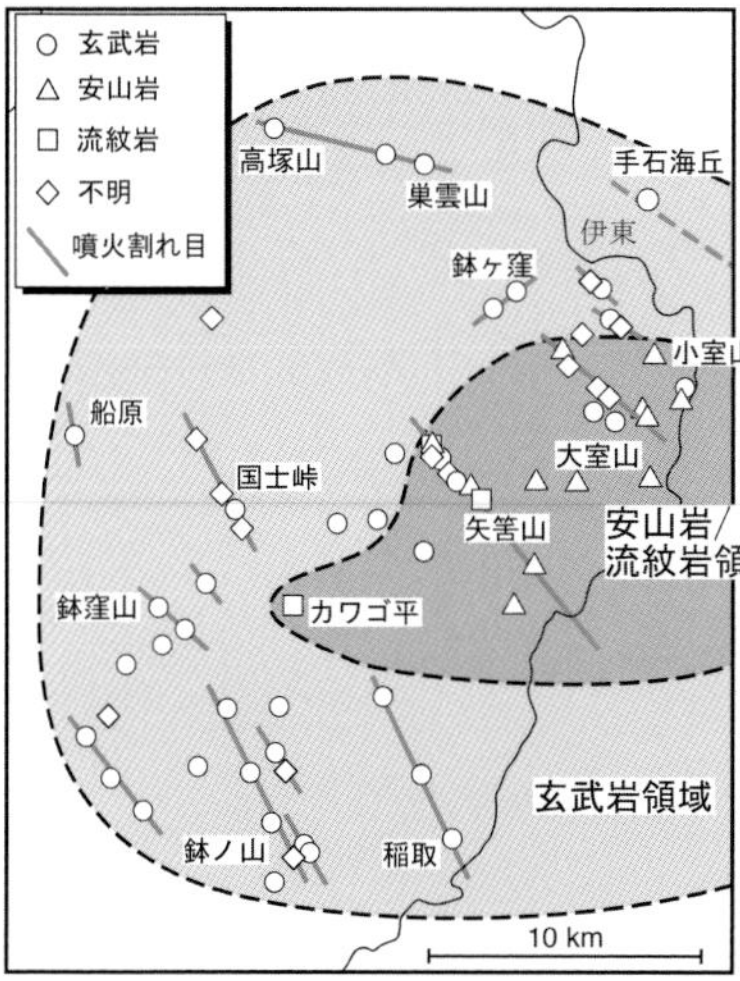

伊豆東部火山群の各火山が噴出したマグマの種類とドーナツ状構造

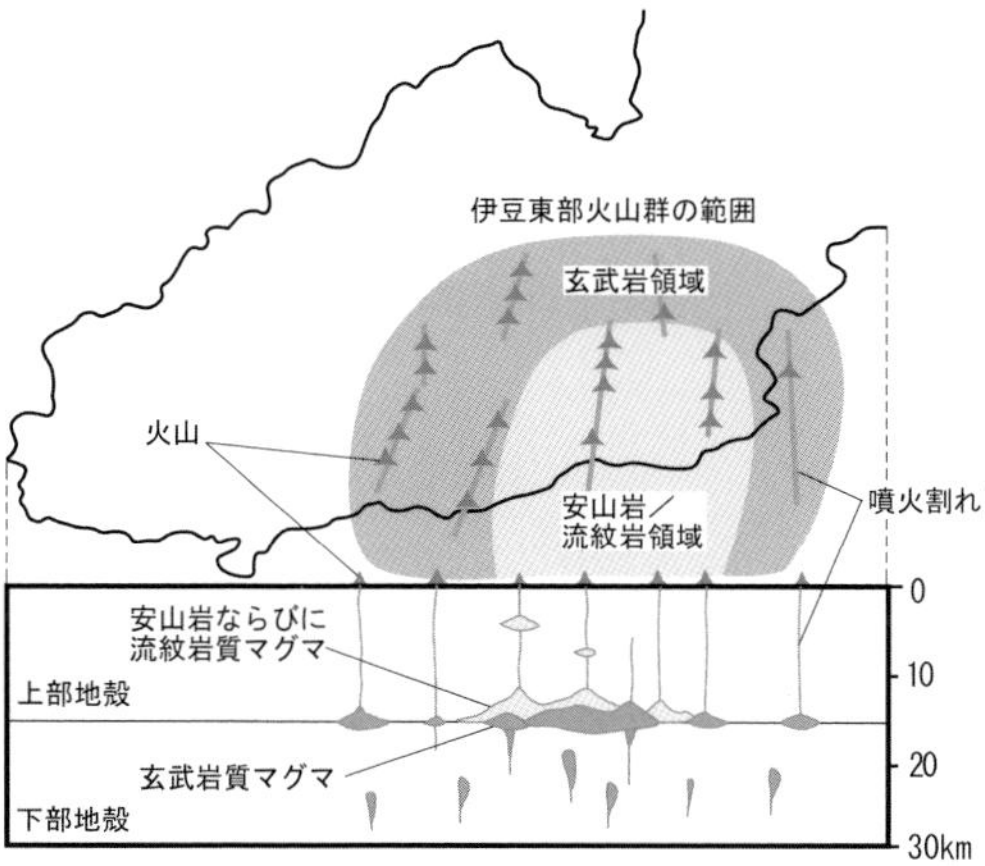

伊豆東部火山群の地下構造

第十章

生きている伊豆の大地

地震と地殻変動

99. 伊豆付近の地学的現状

伊豆の火山噴火史のもっとも新しい時代（十五万年前以降）にあたる伊豆東部火山群の歴史を前節までたどってきた。一九八九年七月に伊東沖の海底で起きた手石海丘の噴火を別にすれば、およそ二千七百年前に起きた岩ノ山―伊雄山《いおやま》火山列の噴火以来、伊豆とその周辺海域での火山噴火は知られていない。しかし、伊豆の大地は今も活動し続けており、たびたび大きな地震も発生している。そうした地震の中には、大地に亀裂やずれを生じさせたものもあり、ずれが積み重なった結果、はっきりと活断層の地形を認識できるものもある。これ以降は、歴史時代を中心として、実際に伊豆の大地が生きていることを示す事件や証拠を説明していこう。

本書の第一節で述べたように、伊豆の大地は地学的に特異な場所にある。日本列島付近には四枚のプレート（岩板）が折り重なっており、伊豆はフィリピン海プレートの北端に位置している。伊豆をのせたフィリピン海プレートは、本州に対して年間数センチメートルという、ゆっくりとしたスピードで北西に移動している。伊豆半島の両側では、フィリピン海プレートが本州側のプレートの下に沈み込んでおり、プレート同士がこすれあうことによって、時おり巨大な地震が発生している。このうち四国～紀伊水道沖で起きるものを南海地震、熊野灘～駿河湾で起きるものを（広い意味の）東海地震、相模湾～房総沖で起きるものを関東地震と呼んでいる。また、初島沖にはフィリピン海プレート内部に裂け目があり、小田原地震（神奈川県西部地震）の発生場所となっている。これらの大地震は、伊豆の大地を大きく揺らしたり、津波を海岸に到達させたりして、そのつど大きな被害を与えてきた。

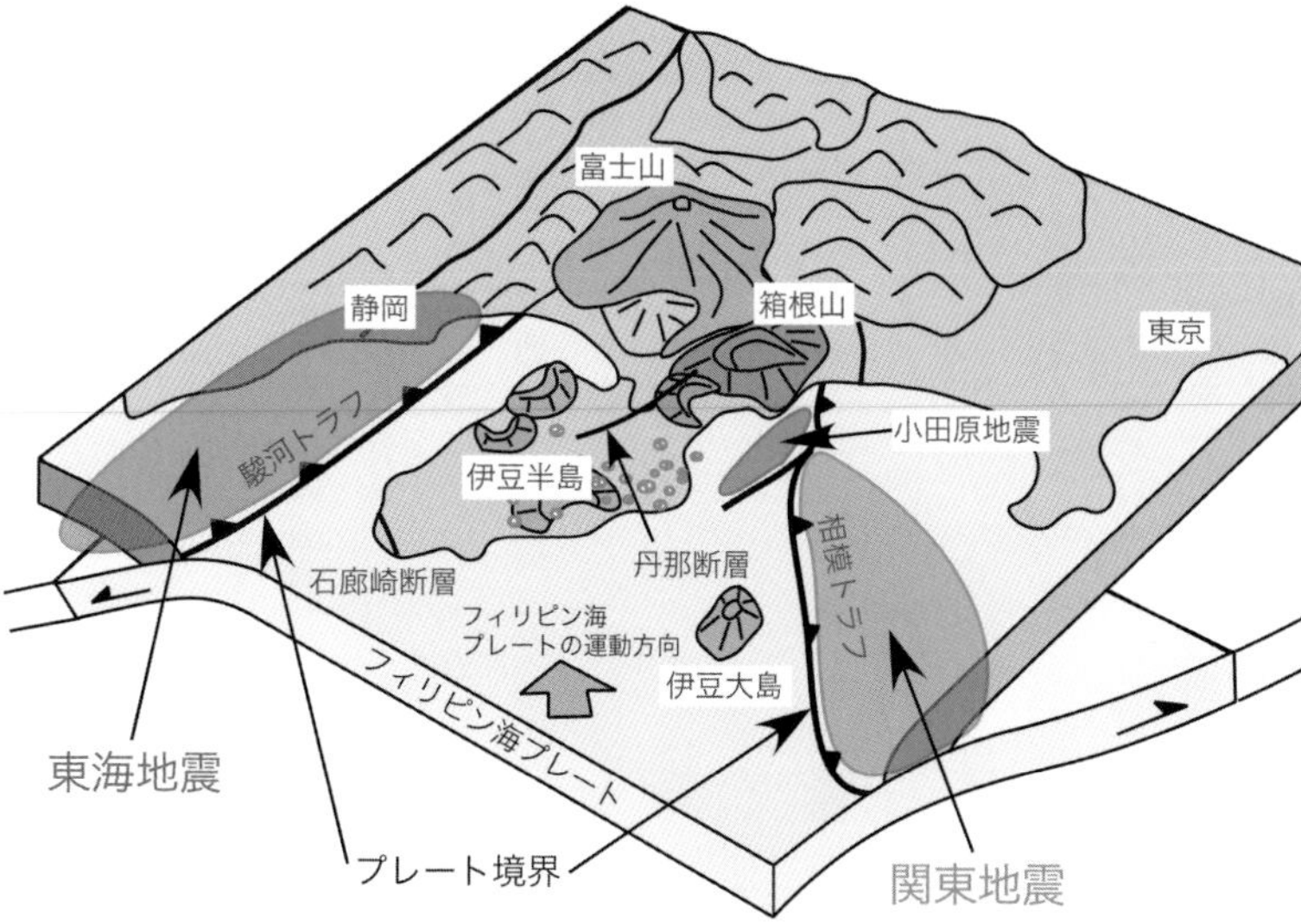

伊豆半島とその周辺の地学的状況。近くの海域で生じる大地震の発生場所も示した

一方、伊豆付近の地殻は、火山の熱によって暖められて軽くなっているために、他のプレートの下には容易に沈み込めない。このため、もとは南洋上の島であった伊豆は、今は本州に衝突して半島の形となったのである。それでも伊豆を本州に押し込もうとする力が働いているため、伊豆半島とその周辺には多くの活断層ができ、それらが時々ずれ動くことによって大地震が発生している。たとえば、函南町から伊豆の国市にかけて伸びる丹那断層、南伊豆町の石廊崎断層などが有名な活断層である。

100・東海・南海地震と関東地震

伊豆に被害を与えてきた地震のうちで、まずプレート同士の境界で起きる東海・南海地震と関東地震について説明しよう。東海地震と南海地震は、伊豆の西側に続くプレート境界で発生する巨大地震であり、駿河湾・遠州灘・熊野灘（地図のE・D・C）を震源域とするものが東海地震、紀伊水道・四国沖（地図のBとA）を震源域とするものが南海地震である。なお、最近は駿河湾から御前崎沖（地図のE）を震源域とする地震を「東海地震」、その西隣の遠州灘から熊野灘（地図のDとC）を震源域とする地震を「東南海地震」と呼ぶこともあるが、行政的な呼び方であって歴史全体を見通したものではない。いずれにしても、震源域がA～Eのいずれか単独でも規模はマグニチュード（M）8程度となり、A～Eの震源域が同時に地震を起こせばM8・7に達する超巨大地震となる。

地図からわかるように、東海地震と南海地震の震源域は隣同士であり、発生のしかたも密接に関連している。詳しい古記録の調査の結果、この二つの地震は同時に発生するか、最長で二年程度の間を置いて連発してきたことがわかっている。言いかえれば、東海地震と南海地震は双子地震であり、ほぼ同時期に連発する性質をもっている。両者をひとつの地震としてみた場合の発生間隔は、九十年から二百年ほどである。発生の記録は、古くは飛鳥時代（西暦六八四年）にまでさかのぼるが、歴史資料の乏しい伊豆での明瞭な被災記録が現れるのは明応《めいおう》地震（一四九八年）以降である。

一方、伊豆の東側に続くプレート境界（地図のF）で繰り返し発生するのが関東地震である。歴史上の関東地震としては、大正十二年（一九二三年）の関東大震災を起こした大正関東地震と、江戸時代の元禄《げんろく》十六年（一七〇三年）に起きた元禄関東地震の二つがよく知られている。両地震とも、その揺れや津波によって伊豆に大きな被害を与えた記録が多数残されている。残念ながら、中世以前の関東地震の発生史は、関東地方の史料が乏しいために不明な点が多く、発生間隔もはっきりしない。八七八年、一二九三年、一四三三年などの地震記録が関東地震の候補であるが、埋もれている記録もあるとみられる。

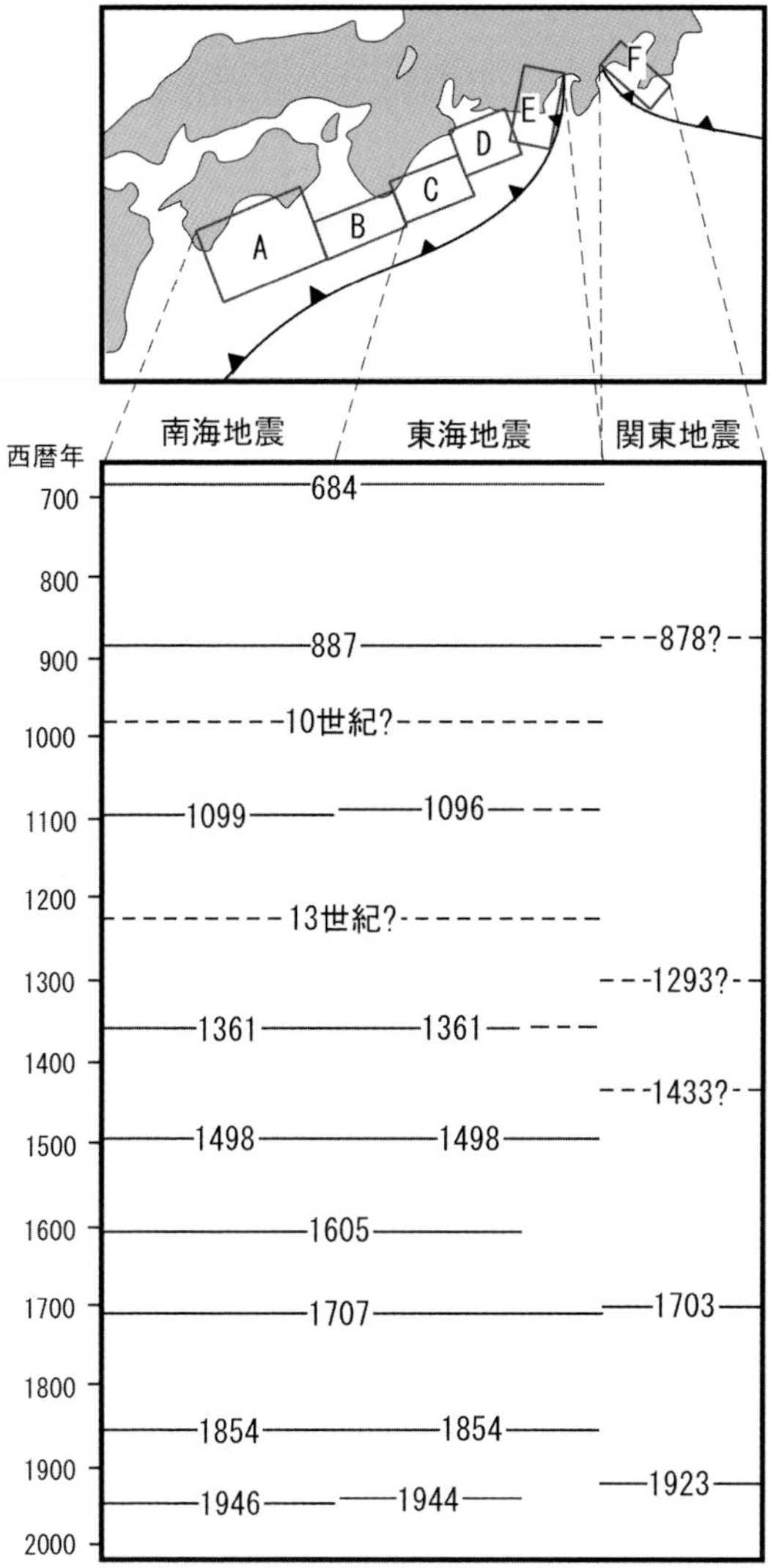

伊豆の両側のプレート境界で発生する巨大地震。▲をつけた太線はプレート境界、A～Fは震源域。下の年表は各地震の発生年を示す

101．神奈川県西部地震

伊豆の東西両側に伸びるプレート境界を震源域とする東海・南海地震と関東地震について前節で述べた。一方、プレート境界地震とは異なるが、それに準じた性格をもつのが神奈川県西部地震（いわゆる小田原地震）である。この地震の震源とみられる断層（西相模湾断裂）は、初島沖から小田原付近にかけての地下数キロないしは十数キロメートルにあり、フィリピン海プレートの内部にできた割れ目と考えられている。相模湾から房総沖にかけてフィリピン海プレートが関東地方の下に沈み込んでいる一方で、伊豆が本州に衝突して沈み込めない状態にあるため、両者の間が引き裂かれてできたのが西相模湾断裂である。いわば西相模湾断裂は、伊豆の東方沖の岩盤を、北からハサミを入れるように切り裂き始めた割れ目であり、将来的には伊豆半島と伊豆七島の間を南南西に伸びていき、いずれは伊豆全体を切り取るプレート境界断層へと成長すると考えられている。

神奈川県西部地震の震源域は、前節で述べた関東地震の震源域と隣り合っているために、両地震は複雑に関連し合って起きてきたらしい。神奈川県西部地震と判定できる地震で最古のものは、一六三三年に起きた寛永《かんえい》小田原地震である。この地震はＭ７級の規模をもち、西相模湾断裂の南寄りの部分が破壊して生じたために津波をともない、熱海市から伊東市にかけての海岸で被害が出ている。寛永小田原地震と同じく、西相模湾断裂で起きた地震として考えられているのが、一七八二年天明小田原地震と一八五三年嘉永《かえい》小田原地震である。この両者は、断裂の北寄りの部分が破壊したために、明瞭な津波は発生させなかったようである。

一方、前節で述べた一七〇三年元禄関東地震と一九二三年大正関東地震の際には、西相模湾断裂も同時に活動したとする見方がある。そう考えないと、津波の特徴や、地震時の初島や真鶴岬の隆起を説明できないからである。つまり、この両地震は、正確に言えば関東地震と神奈川県西部地震が同時発生した地震であった。この考えにもとづけば、西相模湾断裂で生じた地震は一六三三年・一七〇三年・一七八二年・一八五三年・一九二三年の過去五回ということになり、平均七十三年間隔で起きてきたことになる。このことから、次の神奈川県西部地震の発生が一九九八年前後と推定されていたが、幸いなことにまだ発生をみていない。

空から見た小田原市とその周辺。西相模湾断裂は、この付近の地下深くにあると考えられている

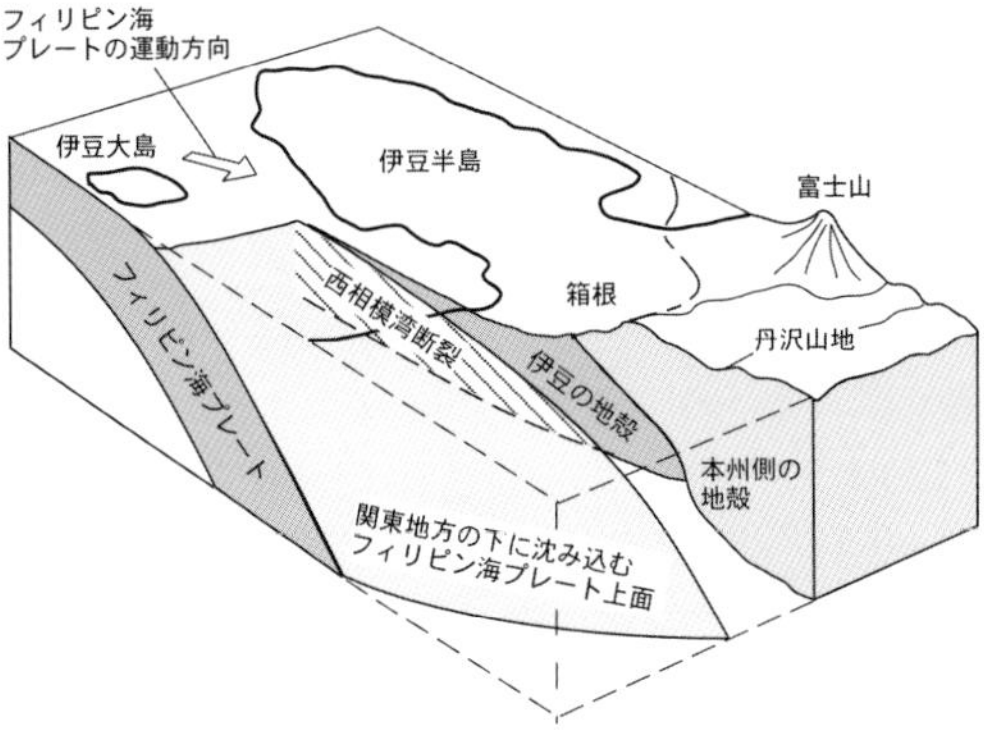

伊豆から相模湾にかけての地下構造と西相模湾断裂。原図は石橋克彦による

102. 丹那断層(1) 不自然な地形

活断層とは、地下深部の震源断層のずれが地表に達し、はっきりと地形や地層のずれとして認められるものを言う。よって、活断層の地下には、大地震を起こす能力を秘めた震源断層が眠っている。伊豆半島とその周辺海域には、数多くの活断層の存在が知られている。

丹那《たんな》断層は、おそらく伊豆で最も有名な活断層であろう。その地形はきわめて明瞭で、箱根峠の南に始まり、函南《かんなみ》町の丹那付近を通り、玄岳《くろだけ》の西側にある池の山峠を経て、伊豆の国市の浮橋《うきはし》付近まで南北十八キロメートルにわたっている。さらに、丹那断層の延長とみられる断層群が、浮橋付近から南西に十三キロメートルほど連続し、伊豆市の早霧《さぎり》湖付近に達している。

これらの活断層に沿って直線状の谷ができたため、深沢川や古川は、もとの下流である沼津方面にまっすぐ向かえなくなり、わざわざ南南西の修善寺方面に長い距離を流れた後に狩野川に合流している。また、活断層ぞいには、田代、丹那、浮橋、田原野《たわらの》などの、ここに本来あるはずのなかった小さな盆地が並んでいる。これらの盆地は、活断層のずれが何度もくり返し、地盤を沈ませたためにできたものである。そもそも、この地域は86頁で述べた多賀火山の西側斜面にあたり、もともとは西に向かう単調な傾斜が続いていたが、活断層ができたために斜面を切りこんだ深い谷間や盆地がつくられたのである。このため、熱海峠越えの旧道や宇佐美—大仁道路などの、伊豆の東西をつなぐ幹線道は、いずれも活断層のつくった谷間をまたぐために、峠を二度越えて東海岸に至っている。

断層をまたぐ川についても事情は似ていて、たとえばＪＲ函南駅付近を流れる冷川の支流を東にさか

玄岳付近から見た丹那盆地。白い破線は丹那断層のおおよその位置

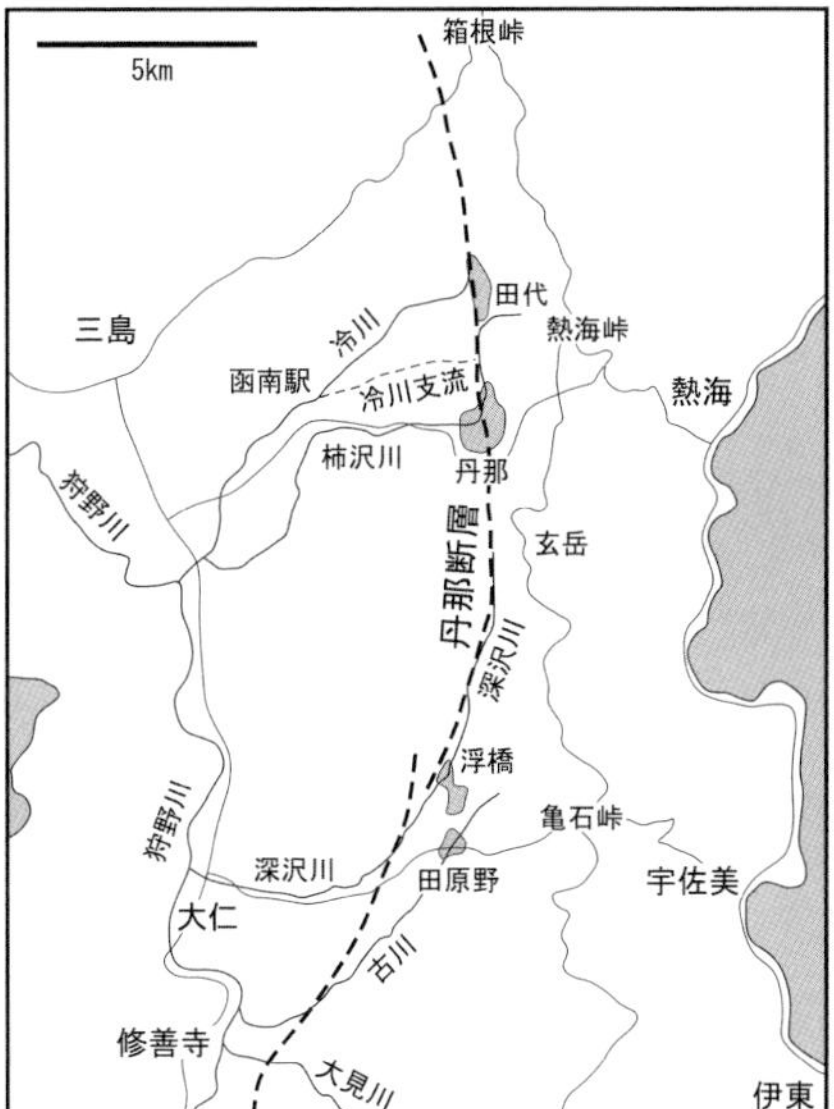

丹那断層の位置関係。太い破線が丹那断層とその南方延長。断層に沿う盆地を灰色で示した。太い実線は主な河川、細い実線は主な道路

のぼっていくと、標高三三〇メートル付近で突然谷が終わり、その先は丹那断層に沿った柿沢川の深い谷となってしまう。冷川支流の谷はさらに上流へと続いていたはずであるが、その先は空中に消えているのだ。そして、断層ができる前に、この谷が本来どこに続いていたかを地形図から考えた時、丹那断層の驚くべき秘密が見えてくるのである。

103. 丹那断層(2) 断ち切られた谷

丹那断層の驚くべき秘密を最初に見抜いた人間は、86頁にも登場した久野久《くのひさし》(後の東大教授)である。付近の多賀火山や湯河原火山の地質調査をおこなっていた彼は、丹那断層をまたぐ谷の地形に注目し、断層の両側の土地が南北に約一キロメートル食い違っていると主張したのである。

彼がまず注目したのは、前節で述べたJR函南駅の東方にある冷川の支流に沿った谷地形である。この支流は、函南町軽井沢の西で二つに枝分かれしているが(地図のAとB)、どちらの谷も丹那断層の位置で途切れ、その東側に続かない。もし丹那断層が縦にずれているだけだったら、二つの谷は軽井沢の東にも存在するはずであるが、全くその様子は見られない。久野は、この二本の谷の続きを、軽井沢の北隣りの田代盆地の東にある二本の谷(地図のA′とB′)と考えた。この二つの谷は、その間隔や深さが軽井沢の西にある二本の谷と似ており、やはり丹那断層の西側には続かない。丹那断層が、その両側の土地を南北に一キロメートルずらしたと考えれば、両者はうまく接続するのである。

同じ目で見ると、伊豆の国市の韮山反射炉付近から東に伸びる谷(地図のC)も、その上流は丹那断層で断ち切られている。その続きは市民の森浮橋付近から東に伸びる谷(地図のC′)であり、両者は断層によってやはり一キロメートルほどずらされている。さらに、久野は湯河原火山と多賀火山の境界線も、丹那断層によって同程度ずれていることを見いだした。

これらの証拠によって、久野は丹那断層が、約百メートルの縦ずれに加えて、少なくとも一キロメートルに及ぶ大きな横ずれをもった断層であると主張した。それは何と一九三五年(昭和十年)に出版された論文に書かれている。当時は、世界的にもそれほどの大きな横ずれ量をもつ断層の存在は知られておらず、しかも断層運動が地震の原因であることすらわかっていなかった。そうした状況を考えれば、久野の研究成果はたいへん先進的なものであった。そうした世界的な研究が最初になされた場所が丹那断層であることを、私たちは誇りに思ってよい。

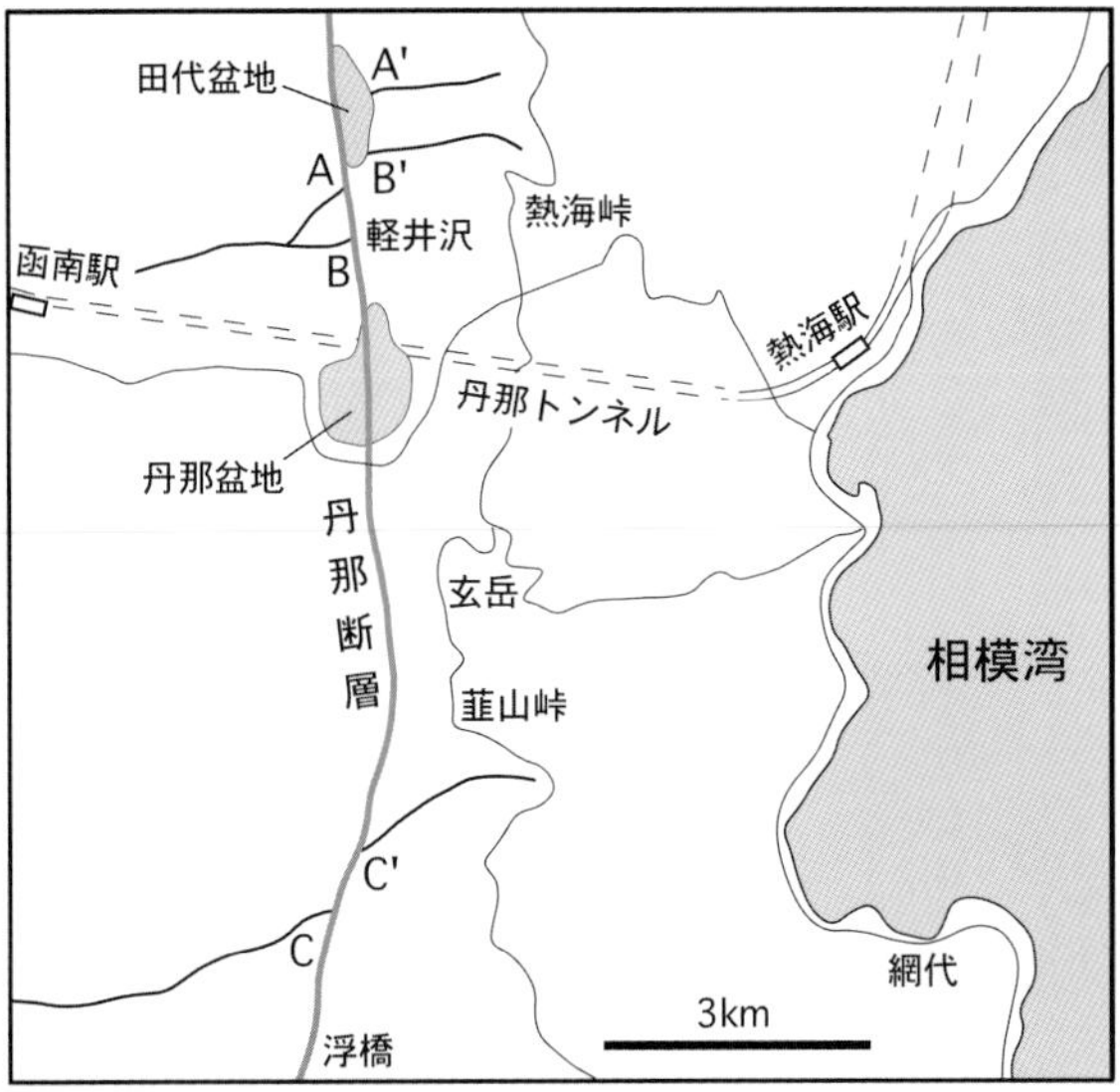

丹那断層に沿う谷の地形のずれ

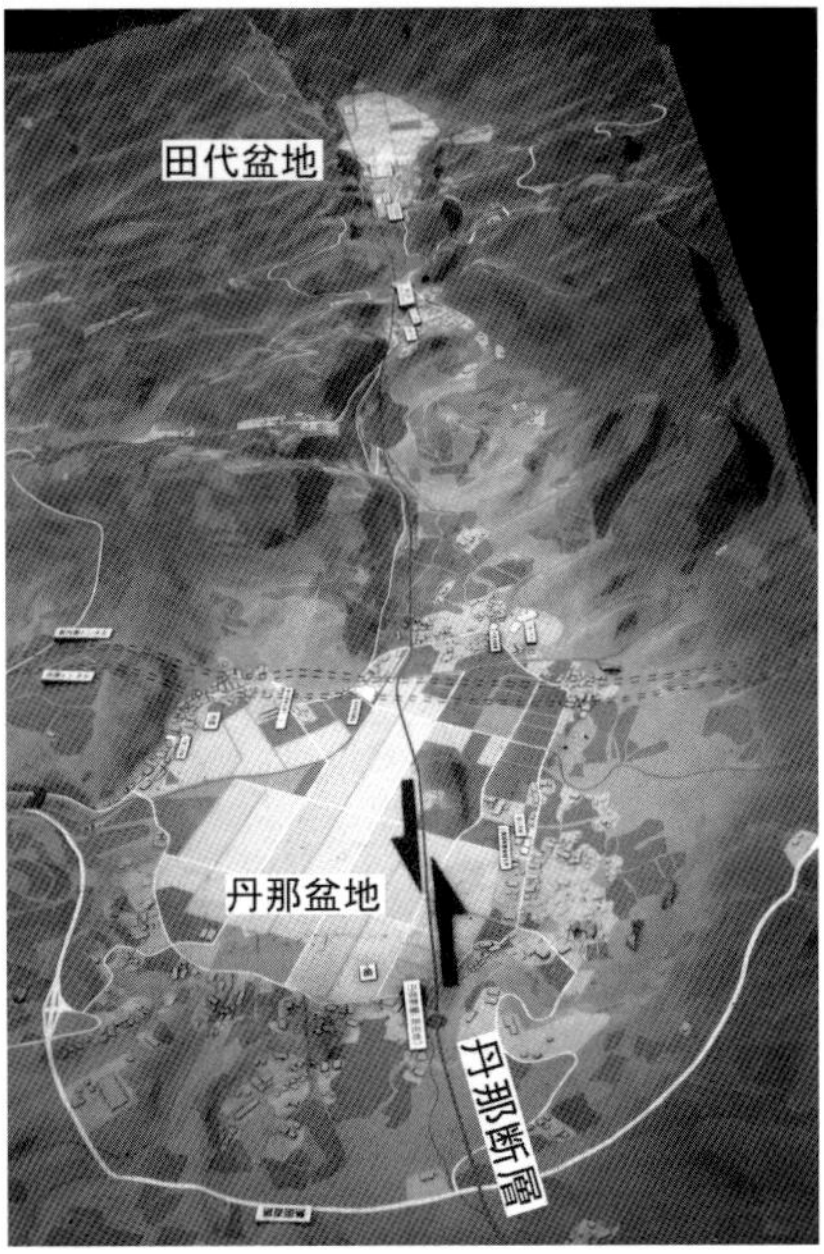

丹那断層北部の地形の立体模型。函南町の丹那断層公園に設置されている。互い違いの矢印は丹那断層のずれかたを示す

104．丹那断層（3）　北伊豆地震と丹那トンネル

丹那断層の大きな横ずれを発見した久野久の論文が出版される五年前の昭和五年十一月二十六日の未明、北伊豆地方を大きな地震が襲った。一九三〇年北伊豆地震（M7・3）である。当時まだ東大の学生であった久野が伊豆の地質調査に取り組むことになったのは、そもそもこの地震が注目を浴びたからである。北伊豆地震にともなって、丹那断層とその南西延長、そしてさらにその南東側の姫之湯断層（伊豆市姫之湯）に、場所によっては二メートルを越える横ずれが生じた。

この横ずれは、当時丹那盆地の地下で掘り進められていた丹那トンネルの工事現場も直撃した。この場面を、吉村昭の小説「闇を裂く道」は次のように記している。

「『断層が動いたのだ』広田の口からもれた言葉に、他の者の目は一層大きくひらいた。偶然にも、切端《きりは》は断層線と一致していた。と言うよりは、断層に到達したので、その位置で一時工事を中止していた。地震が起り、断層の東側が北へ、西側が南へ大きく移動し、そのため、支保工《しほこう》の左側の柱は断層の裂け目に吸い込まれ、右側の柱が切端の左側に移ったのである」

ここで食い違ったトンネルは、現在の東海道本線に使用されている主トンネルではなく、水抜坑《みずぬきこう》と呼ばれる副トンネルである。トンネルは東側（熱海側）と西側（函南側）の両方から掘り進められていたが、西側のトンネルがちょうど丹那断層に達したところで湧水が激しくなって工事を中断し、主トンネルに沿った水抜坑を掘り進めていたところであった。そのうちの三本が断層のずれによって二メートルあまり食い違い、トンネルの先端部は移動した岩盤によって完全にふさがれてしまったのである。工事

は夜を徹しておこなわれていたが、幸いなことに先端部に閉じ込められた人間はいなかった。

「闇を裂く道」は、十六年もの歳月を費やした丹那トンネルの難工事を描いた作品である。工事そのものの話以外にも、北伊豆地震の原因やトンネルの安全性についての論争などが描かれていて興味深い。かつて湧水が豊富でワサビ栽培が盛んであった丹那地方が、トンネル工事によって渇水したため、当時の鉄道省の補償によって酪農地帯に生まれ変わった経緯もわかる。

今も残る北伊豆地震の際のずれ。破線の地下を丹那断層が通過している。AとA'の石垣、BとB'の水路が同じ方向に1メートルほどずれている。半円形の石積みCDとC'D'は、元はひとつの円形だった。函南町の丹那断層公園

丹那断層公園の端につくられた地下観察館。丹那断層の地下構造が見られる

105．丹那断層（4） 発掘調査

一九三〇年北伊豆地震によって丹那断層がずれ、丹那断層をまたいで建設中だった丹那トンネルに二メートル以上の食い違いが生じた。この事実は、当時の鉄道省に少なからぬ衝撃を与えたらしい。なぜなら、たまたま工事中で良かったものの、実際に列車が走り始めていたら大惨事の可能性もあったからである。しかし、当時の知識からも活断層のずれはめったに起きないことが大体予想できたため、トンネル工事は続行され、後に併設された新幹線の新丹那トンネルとともに、今では日本の東西を結ぶ大動脈の一部となっている。

しかしながら、丹那断層が次に再びずれてトンネルに食い違いを与えるのが、どの程度遠い将来なのかは誰もが知りたいところである。また、北伊豆地震は、伊豆半島北部の広い範囲で震度6以上、場所によっては震度7で、全壊家屋が静岡県内だけで二千以上、死者二百五十人余りという大変な被害を起こした地震である。こうした大地震がどの程度の再来間隔をもつかは、伊豆の住民の誰もが気になるところであろう。北伊豆地震の再来間隔を知るための丹那断層の発掘調査が実施されたのは、地震から五十年を経た一九八〇年代初めであった。

活断層の発掘調査では、どのように断層活動の歴史を読みとるかをまず説明しておこう。火山噴火の場合は、噴出物の年代を直接調べることによって、噴火の時期や再来間隔を知ることができる。ところが、噴出物という物証を残してくれる火山噴火とは異なり、地震や断層運動は物を壊す現象なので、発生年代を調べにくい。割れ目そのものの年代は直接測定できないからである。

こうした欠点を克服するために、活断層の発掘調査は、盆地やくぼ地などの、砂や泥がひんぱんに流れこみやすい場所をねらっておこなわれる。断層のずれによって土地に段差ができた後、その段差は砂や泥によって徐々に埋められ、やがて元の平らな土地に戻る。この間の砂や泥は、段差の低い側に厚くたまり、段差の両側で厚さの異なる地層として残される。言いかえれば、断層が動いた直後の地層は、断層をはさんだ両側で厚さが異なる場合が多いのである。よって、このような地層を掘り当て、その年代を調べることによって、断層がずれたおおよその時期を推測することができる。

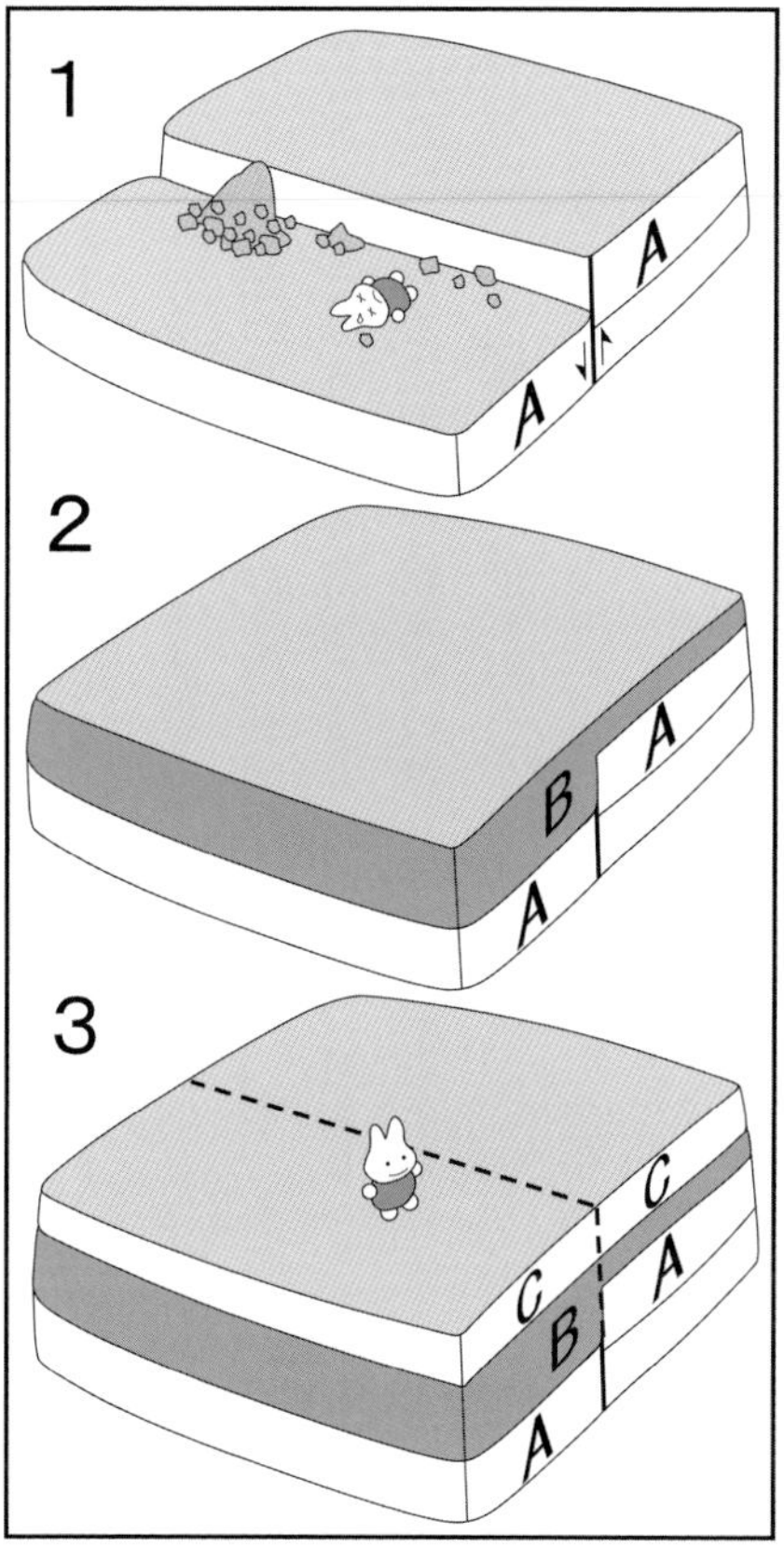

活断層の周囲での地層のたまり方。1：活断層が動いてA層をずらし、地表に段差ができる。2：段差の両側で厚さの異なるB層がたまる。3：段差が埋まった後にC層がたまる。この後、しばらく時間をおいて再び活断層が動いて破線の位置に段差が生じ、C層がずれて1の状態に戻る

106・丹那断層（5）　過去と未来

丹那断層が起こす大地震のくり返し間隔を知るための発掘調査は、丹那盆地二ヶ所のほか、その北隣の田代盆地などの、北伊豆地震にともなう断層のずれが実際に地表に現れた場所でおこなわれた。このうち、最もめざましい成果が得られたのが丹那盆地北縁での調査である。

活断層の発掘調査は、その名の通り断層を含む一定範囲の地面をパワーショベルなどで直接掘り下げる方法によっておこなわれる。丹那盆地北縁の調査地では地表から六メートルの深さまでの地層が発掘された。そして、そこには予測通り丹那断層によるずれが実際に観察できたのである。そして、前節で説明した方法によって全部で九回の大地震の証拠と、それらの発生時期を割り出すことができた。

まず、九回のうちで最も新しい地震は言うまでもなく一九三〇年北伊豆地震である。二番目に新しい地震は、後に北隣の田代盆地の発掘調査でも証拠が見つかり、十三世紀末から十七世紀初めまでの間に発生したことがわかった。この時期は、伊豆での歴史記録が乏しい中世にあたり、該当しそうな地震は沼津市大平《おおひら》地区に伝わる『大平年代記』に記された一四〇二年の記述のみである。ただし、この記録は、地震で畑に地割れができたことだけを記す簡単なものであり、中世の北伊豆地震の記録かどうかは未確定である。

三番目に新しい地震の発生時期は八四一年と特定できた。まず、発掘された地層の中に伊豆七島神津島の八三八年の大噴火で降りつもった火山灰層が見つかり、噴火から間もないうちに大地震が起きたことがわかった。この神津島の噴火を記した書物は、当時の朝廷の手によって編集された『続日本後紀《しょくにほんこうき》』

である。そして、その後の文面をたどっていくと伊豆での地震被害の記述が見つかり、八四一年の春頃に大地震があったことがわかった。具体的な被害の場所は書かれていないが、詳しい救済の記述があることから、おそらく当時の伊豆国の中心部、つまり北伊豆地方が被害の中心と予想され、丹那断層の起こした地震と考えるのがもっともらしい。

このようにして、過去八千年間に九回の地震があったことがわかり、丹那断層は平均千年間隔で大地震を発生させてきたことが判明した。比較的発生頻度の高い過去三回だけを考えても平均五百四十年間隔となる。最後の北伊豆地震からまだ八十年しか経っていないので、丹那断層はあと五百年ほどは大地震を起こさないと言えるだろう。

丹那断層の発掘調査。丹那盆地の中央部で 1985 年に実施されたもの。遠景は池の山峠

発掘調査によって掘り出された丹那断層。断層の左右で地層がずれているのがわかる

107. 石廊崎断層

二十世紀前半の伊豆周辺は、一九二三年大正関東地震（M7・9）を始めとして、一九三〇年伊東群発地震（最大の地震はM5・9）、一九三〇年北伊豆地震（M7・3）などの被害地震があいつぐ激動の時代であった。ところが、一九三四年の天城山の地震（M5・5）を最後に伊豆の地震活動は静穏になり、それ以後四十年ほどの間は目立った地震が起きていない。

伊豆の大地が長い眠りから覚めたのが、一九七四年五月九日朝の伊豆半島沖地震（M6・9）の時である。この地震は、南伊豆町を中心とした地域に死者三十名、全壊家屋百三十四棟という大きな傷跡を残した。この地震を起こしたのは、石廊崎断層と呼ばれる活断層である。地震名に「伊豆半島沖」とあるが、これは当初の震源決定精度が悪いために付いた名前であり、実際の震源域は南伊豆町石廊崎付近の陸上にあった。地震にともなって石廊崎断層沿いに五十センチメートルほどの横ずれが生じ、中には民家の裏の崖に断層のずれが出現した地点もあった。

一九三〇年北伊豆地震の直後の調査によって丹那断層のずれが発見されたように、当初は地震の発生後に、その地震の犯人である活断層が発見されることが普通であった。しかし、石廊崎断層の場合は違っていた。活断層としての石廊崎断層を発見した論文は、伊豆半島沖地震の前年の一九七三年に出版されていた。つまり、伊豆半島沖地震は、事前に発見されていた活断層が地震を起こした初めての例となったのである。

地震の発生前に、石廊崎断層を活断層として判定できた最大の根拠は、断層に沿う地形の特徴である。

断層周辺の地形を観察すると、まず誰もが断層に沿う直線状の谷間に気づく。しかし、このことだけでは証拠として不十分である。古い断層や地層の固さの違いによっても、直線状の谷間が生じる例があるからである。石廊崎断層を活断層として判定できたのは、断層に沿う三ヶ所で、同じ方向に二百ないし三百メートルほど尾根がずれていたためである。

伊豆半島沖地震がきっかけとなって伊豆は再び激動の時代を迎え、その後一九七六年河津地震（Ｍ５・４）、一九七八年伊豆大島近海地震（Ｍ７・０）、一九七八年以降の伊豆東方沖群発地震、一九八〇年伊豆半島東方沖地震（Ｍ６・７）などの被害地震がくり返された。

南東上空から見た石廊崎断層。断層は、一対の白い矢印が示す直線状の谷間に沿って走っている

南西上空から見た石廊崎断層。２ヶ所の尾根（白い破線）が、断層（白い点線）によって同じ方向にずれている

108・活断層の国

伊豆半島には、前節までに述べた丹那断層や石廊崎断層のほかにも、数多くの活断層の存在が知られている。このうち、歴史上の大地震で活動したことがわかっているのは、一九三〇年北伊豆地震の際の丹那断層・姫之湯断層を含む一連の断層群、ならびに一九七四年伊豆半島沖地震の際の石廊崎断層のほかには、一九七八年伊豆大島近海地震で動いた稲取付近の三本の断層だけである。ただし、伊豆大島近海地震の主断層は、伊豆半島と伊豆大島の間の海底下にあり、稲取付近のものは副次的な断層に過ぎない。他の活断層については、明治以前の伊豆の歴史記録が乏しいこともあって、活動史はほとんどわかっていない。

石廊崎断層の北に並行する形で、南伊豆町蛇石《じゃいし》付近から下田市の田牛《とうじ》付近へと伸びる上賀茂断層がある。この地域の地震記録はきわめて限られているが、江戸時代の一七二九年（享保十四年）三月八日に下田市や南伊豆町に被害を与えた地震が知られている。この地震の震度分布は一九七四年伊豆半島沖地震と似ており、M7級の地震と考えられる。一方、石廊崎断層の活動間隔は千年程度と考えられているため、一七二九年地震の犯人とは考えにくい。このため、上賀茂断層が一七二九年地震を起こした活断層として疑わしい。

松崎町の門野《かどの》付近には、北東―南西方向に伸びる門野断層がある。この断層は、活断層としてはこれまでほとんど注目されていないが、地質学的には明確かつ重要な断層であり、しかも断層周辺には地震によって崩壊したと思われる大きな地すべり地形が多数残されている。それらがいつの時代のものであるかも含めて、断層の活動史の解明が急務と思われる。

伊豆市湯ヶ島付近の水抜《みずぬき》から与市坂《よいちざか》にかけて北西―南東方向に伸びる水抜―与市坂断層も地質学的に明確・重要であるが、活動史が全く不明なので、門野断層と同様に注意が必要である。

伊豆の活断層の分布を見ると、丹那断層の東側にある北西―南東方向の活断層の密集帯が特に目を引く。丹那断層と伊東―熱海間の海岸線との間の地殻が、まるで短冊のように細かく切り刻まれている。この構造がどのようにしてできたかについて、次節から述べていこう。

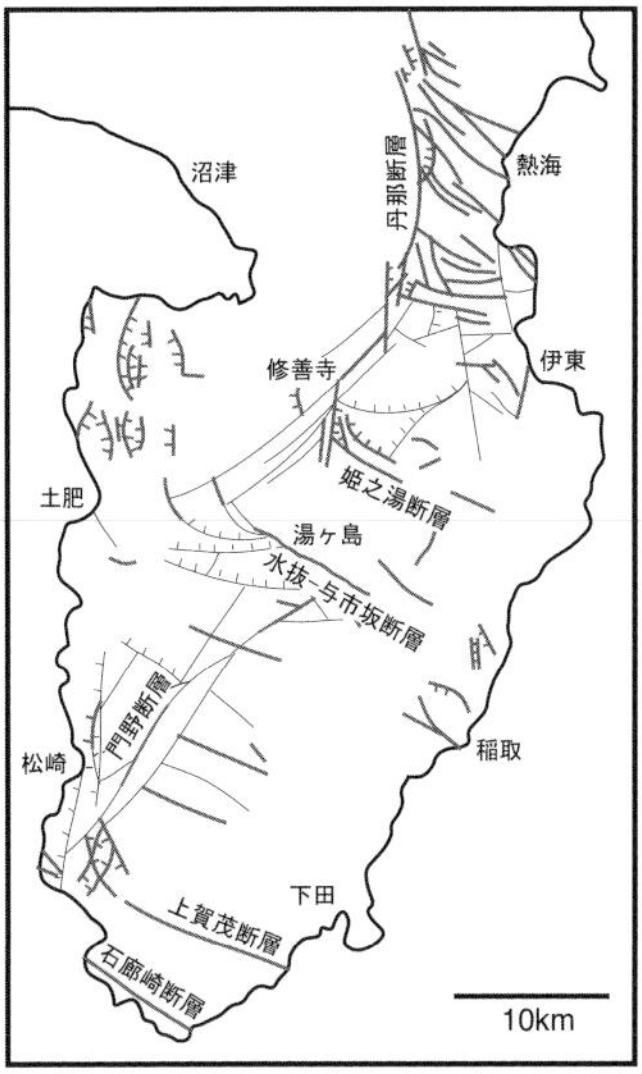

伊豆半島の主な活断層。太線が活断層として認定されているもの（けばの付いたものが正断層で、それ以外が横ずれ断層）。なお、活断層の証拠はまだ得られていないが、筆者の地質調査によって判明した主要な断層を細線で示した

東上空から見た浮橋断層。白い矢印の間の直線的な谷間として視認できる。遠景は田方平野と駿河湾

109．構造回転の謎（上）　異常な断層分布

伊豆半島を代表する活断層である丹那断層の東側の地殻が、北西―南東方向に伸びる多数の別の活断層によって、まるで短冊のように細かく切り刻まれていることを前節で述べた。短冊の長さは陸上部分だけで十キロメートル以上に及ぶものもあるが、短冊の幅はわずか数百メートルないしは一キロメートル程度しかない。このような特徴的な活断層分布は日本列島全体で見ても珍しく、異常な地殻構造と言ってよい。いったい伊豆半島北東部の地殻に何が起きたのであろうか？

この構造のできかたを解明する鍵となったのが、64頁で述べた岩石中の微弱な磁気の方位である。地層や岩石ができた当時の地球磁場の向きと強さは、微弱な磁気として地層・岩石中に記録されている。この磁気の方位を測定することによって、伊豆が本州に衝突してめりこんだ時に、神奈川県の大磯丘陵などの周辺地域を根こそぎ回転させたことがわかったと、64頁で説明した。その際に、伊豆に関しては少なくとも五百万年前以降は、ごく一部の地域を除いて大きな回転運動は起きていないと述べた。しかし、その例外である「ごく一部の地域」が、ここで問題とする丹那断層の東側の地域なのである。

この地域に分布する地層の多くは、86頁で述べた多賀火山と宇佐美火山の溶岩流である。これらの溶岩中の磁気を測定する研究は一九五〇年代後半からおこなわれており、当時から磁気方位のずれが不思議がられていたが、その原因は地球磁場そのものの方向が現在と異なっていたためと考えられた。しかし、その後日本各地での研究が進み、当時の地球磁場の方向は現在とほとんど変わらないことがわかったため、伊豆北東部の磁気方位のずれは原因不明の謎として残されていた。

この謎の解明のきっかけとなったのが、やや手前味噌であるが、筆者の大学生時代の卒業研究である。50頁で述べたように、筆者は一九七九年から約二年かけて伊豆市（旧中伊豆町）から伊東市西部にかけての地質調査をおこなうとともに、宇佐美火山の溶岩から採取した岩石の磁気方位の測定をおこなった。その結果は驚くべきものであった。それらの磁気方位は、東に行くほど反時計回りにずれ、場所によっては九〇度近く、つまり本来の北ではなく、ほとんど西を向いていたのである。

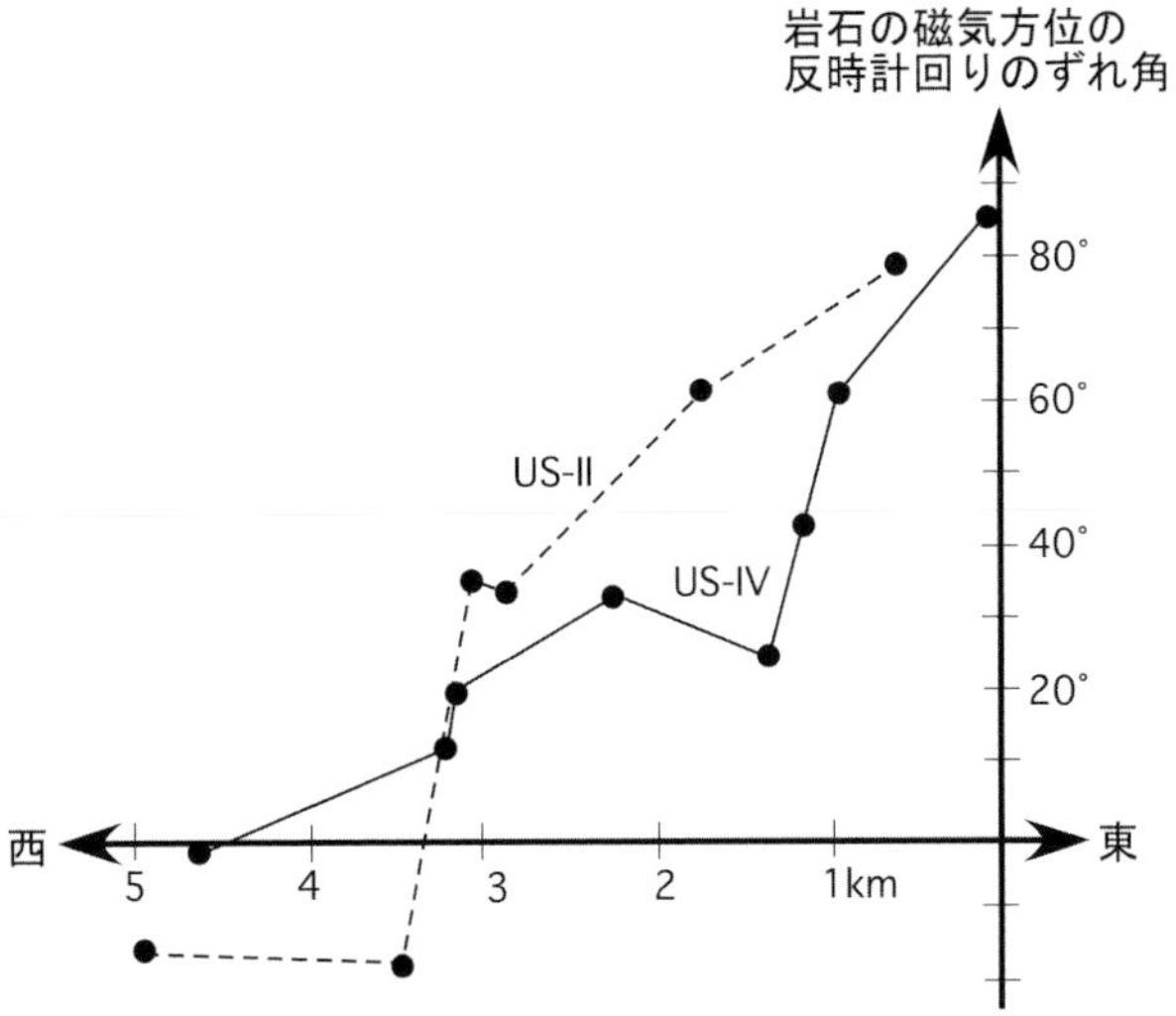

宇佐美火山の岩石の磁気方位のずれ。横軸は東西方向の距離で、原点は冷川峠付近にあたる。US-II と US-IV は、それぞれ同じ時期に流出した溶岩であり、本来はどこでも同じ真北の方位をもつべきであるが、東に行くほど反時計回りのずれを示している

チェーンソーを改造したドリルで宇佐美火山の岩石サンプルを採取中の大学生時代の筆者

110・構造回転の謎（中） 先駆的な発見

伊豆市（旧中伊豆町）で採取した宇佐美火山の溶岩の磁気方位が、東に行くほど反時計回りにずれていることを筆者が発見したと前節で述べた。流れ出た溶岩は短い時間内に冷え固まり、溶岩中に含まれる磁鉄鉱などの磁気を帯びる性質をもつ鉱物が、その時の地球磁場の方位や強さを記録する。このため、同じ溶岩流であれば、どこを測定しても磁気方位がそろっていることが普通である。磁気の向きや強さが後で変化する場合もあるが、実験室内での処理によって噴火当時の安定な成分だけを取り出しているので、そうした原因によるずれとは考えにくい。磁気方位のずれは、溶岩の地層自体が傾くことによっても起きるが、この地域の溶岩流は、ほぼ水平か、ゆるい傾斜をもつものばかりである。よって、磁気方位の大きなずれの原因は、採取地点を含む岩盤そのものが回転したためと考えざるを得ない。

筆者は、この結果を一九八一年に学会で発表し、論文としても公表したが、当時の学者たちは半信半疑であった。その当時は、世界的に見ても岩石中の磁気測定のデータ数が限られていたので、岩盤が局地的に大きく回転するという事実がほとんど知られていなかったためである。しかし、それから十年ほどのうちに、世界各地から同様な結果が報告されるようになった。そして、この種の現象は「構造回転（テクトニック・ローテーション）」、あるいは岩盤が細かなブロックに分かれて回転することから「ブロック・ローテーション」と呼ばれるようになり、そのメカニズムについての議論も盛んになった。

その後、筆者はさらに北方の多賀火山も含めた溶岩流の磁気方位を測定し、データ数を増やした。その結果、伊豆市内（図に四角い破線で示した範囲）で東に行くほど反時計回りにずれていたのは見かけ上のもので、より大きな視点で見ると丹那断層と伊豆の東海岸にはさまれた地域全体が、多かれ少なかれ反時計回りに回転していることが明らかになった。とくに、熱海市網代から伊東市宇佐美にかけての海岸沿いとその内陸部での回転が著しい。中には回転角が七〇度を超えるものもある。このような岩盤の回転を起こした原因は何なのだろうか？　なぜ丹那断層の東側だけが回転しているのだろうか？　そうした疑問に対する答を次節以降に考えていこう。

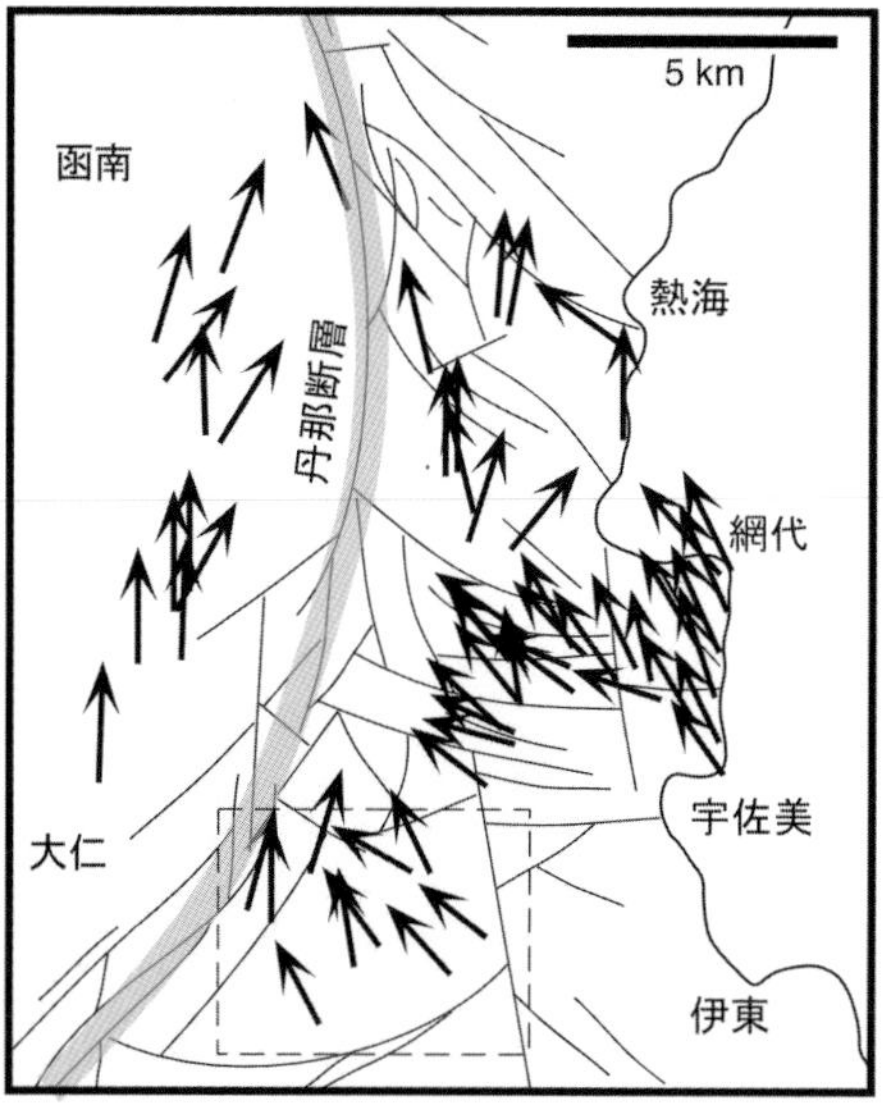

多賀火山および宇佐美火山の各地点の溶岩のもつ磁気方位を矢印で示した。これらの矢印は、本来は地球磁場の方向、つまり北に近い方位を示すはずであるが、丹那断層（灰色の太線）の東側では反時計回りのずれを示すものが多い。細線は主な活断層

北西上空から見た丹那断層。丹那断層の東側（写真の上半分）が大きな構造回転を受けていることが判明した

111. 構造回転の謎(下) 回転のメカニズム

丹那断層とその東の海岸線にはさまれた地域の地殻が、場所によって七〇度以上回転した証拠が見つかったことを前節までに述べた。この証拠は多賀火山や宇佐美火山の溶岩の磁気測定結果から得られたものであり、回転の時期はこれらの溶岩が流出した後の、おおよそ五十万年前から現在までの間と考えられる。長い時間をかけて徐々に進行したこととはいえ、これほど大規模な大地の動きが一九八〇年代になって初めてわかったことは驚きである。64頁でも述べたが、大地が傾いたり折れ曲げられたりすれば、それは地層の傾きとして肉眼でも容易に確認できるが、傾きを伴わない場合は検出困難なためである。岩石の磁気測定によって大規模な構造回転が検出された例としては、64頁で述べた伊豆の衝突による本州側の変形の他には、日本海の拡大にともなって千五百万年前に日本列島が折れ曲がって現在の逆「く」の字型になったことを証明した研究が有名である。

こうした大規模な構造回転に比べると、丹那断層の東側地域の回転はかなり局所的である。この回転の原因は何だろうか？　回転の起きた場所が丹那断層の東側に限られることから、原因として丹那断層の活動が疑われる。世界の同種の研究例を調べた結果、二本の横ずれ断層にはさまれた地域には、互い違いの向きの運動によって生じるずれの力によって多数の割れ目（渡り鳥の雁《かり》が斜めに並んで飛ぶ姿に似ていることから「雁行《がんこう》割れ目」と呼ばれる）が生じ、その割れ目によって短冊状に引き裂かれた地殻が少しずつ回転していくメカニズムが提唱されていることを知った。伊豆と同じ短冊状の断層群が世界のあちこちから発見され、岩石の磁気測定によって大きな回転運動が検出され、その原因が詳しく調べ

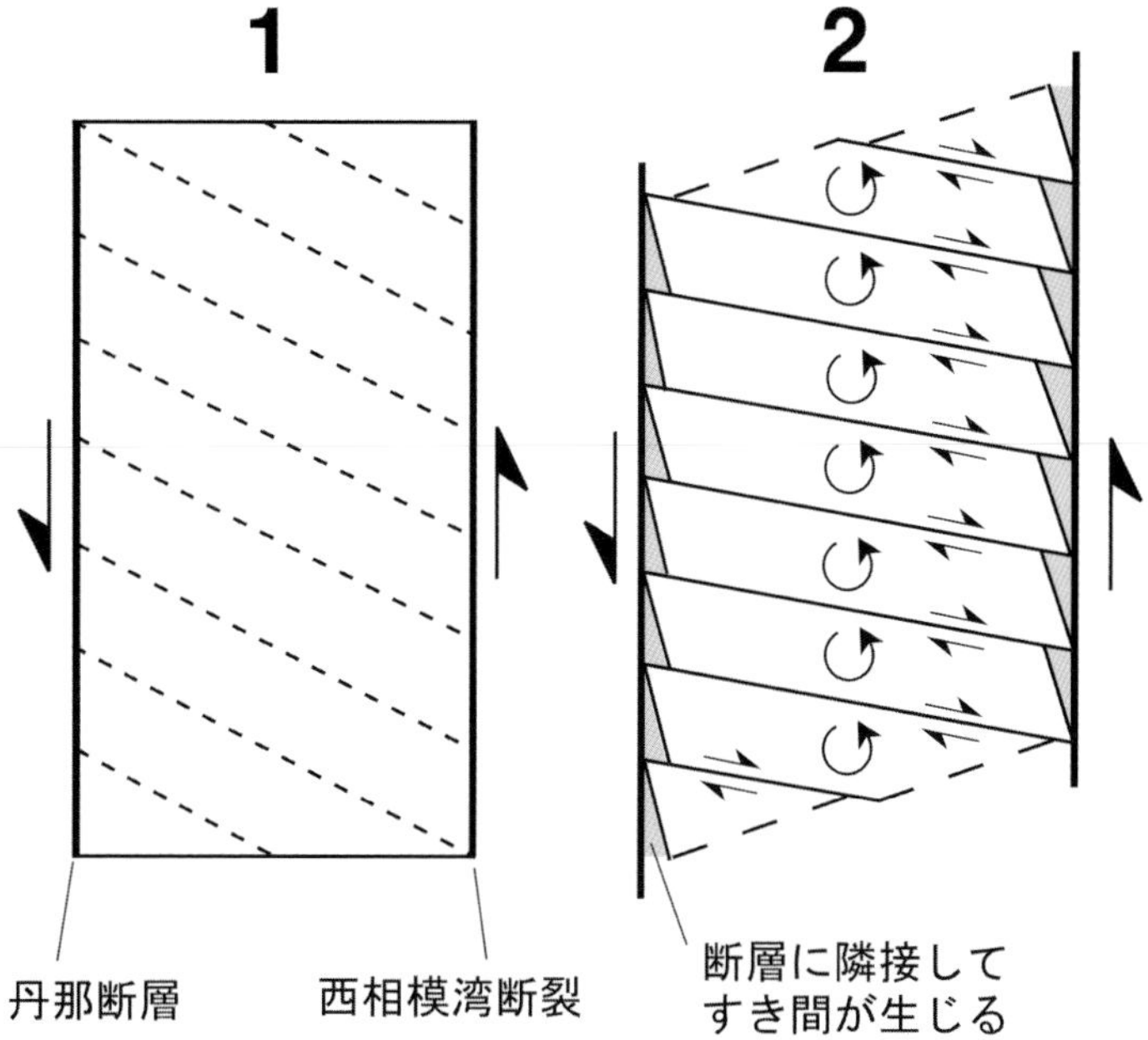

られていたのである。

このメカニズムが正しいとすれば、丹那断層と対になるもうひとつの断層が熱海沖の海底のどこかにあるはずである。この有力な候補として疑われるのが、230頁で述べた西相模湾断裂である。また、短冊状地殻の回転によって、丹那断層の東に隣接して三角形のすき間（図の灰色部分）が生じることが予測される。丹那、田代、田原野、浮橋などの丹那断層の東に隣接した盆地は、おそらくこうしたすき間の発生によって地表が陥没してできたのであろう。

丹那断層の東側の地殻が回転するメカニズム。（1）丹那断層と西相模湾断裂にはさまれた地域の地殻には、断層をずらそうとする力によって多数の雁行割れ目（図の破線）が生じる。（2）さらに事態が進行すると、雁行割れ目はすべて断層となってずれ動き、短冊状に分断された地殻が回転する

112・真鶴マイクロプレート

並行する二つの大断層である丹那断層と西相模湾断裂が、伊豆半島北東部の地殻を引き裂き、大きく回転させせたメカニズムについて、前節までに述べた。そもそも、なぜこの二つの大断層は、ここに存在するのだろうか？　このうちの西相模湾断裂については、関東地方の下に沈み込んでいくフィリピン海プレートと、本州に衝突して沈み込めない伊豆の地殻とが引き裂かれてできた割れ目であることを、230頁で説明した。では、もう一方の丹那断層の存在意味は何だろうか？　244頁で伊豆の陸上に多数の活断層があることを説明したが、丹那断層は他と比べて全長、ずれの総量、ずれの平均的速度がいずれも大きく、伊豆の活断層の中では別格と考えられている。こうした顕著な構造には、それなりの存在意味があるものである。

伊豆東部火山群と丹那断層の位置関係をよく見ると、伊豆東部火山群のほとんどは丹那断層の南西延長上の東側のみに分布している。116頁で述べたように、伊豆東部火山群の噴火は割れ目噴火として起き、それにともなって割れ目の幅だけ地殻を北東—南西方向に押し広げる。噴火を伴わない地下のマグマ活動もたくさん起き、その際にも地殻が押し広げられている。一度の拡大量はせいぜい一メートル程度であるが、そうした拡大が百年に一回起きるとすれば一万年で百メートルも地殻が拡大することになる。伊豆東部火山群のマグマは過去十五万年間にわたって活動を続けてきたので、拡大量の総和が一キロメートル以上になっていてもおかしくない。

地殻が拡大すれば、その分は何らかの形で盛り上がったり、地下に沈んだりしなければ、地表面積の

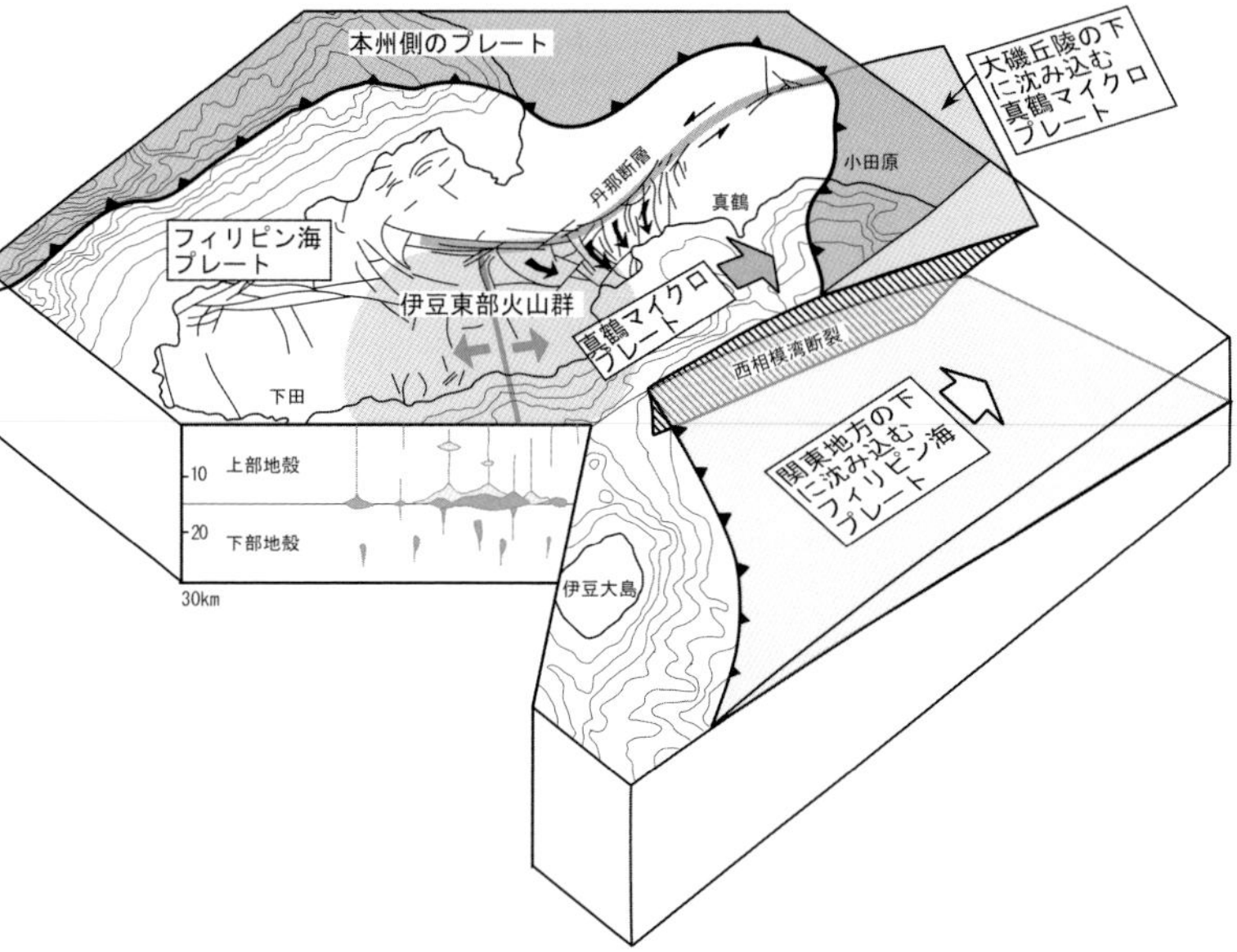

伊豆東部火山群・丹那断層・真鶴マイクロプレートの3者の関係を説明する図。南東上空から地下の一部を透視した図として示した。黒い三角をつけた太線はプレートの沈みこみ口

収支がつかなくなる。そうした目で見れば、伊豆東部火山群で地殻が拡大した分だけ、伊豆北東部を含む地殻（真鶴岬がほぼ中央にあることから「真鶴マイクロプレート」と呼ばれる）が北東側に移動し、大磯丘陵の下に沈み込んでいると考えれば、丹那断層の存在意味がおのずと理解できるようになる。つまり、伊豆東部火山群での地殻の拡大によってたまったひずみを帳消しにするために丹那断層がずれ、それによって北東に移動した真鶴マイクロプレートが、その先の小田原付近で地下に沈み込むという考え方である。この仮説は一九九二年に筆者が初めて提唱したものであるが、その後の測量で真鶴マイクロプレートの動きが実測されていることなどから、賛同者が増えている。

113．海岸地形は語る

構造回転やマイクロプレートの動きは、壮大ではあるが長い時間をかけて進行するため、人間の目から実感することは難しい。しかし、私たちの見慣れた風景の中に、過去の大地の動きが記録されることもある。

海岸の波打ちぎわを歩くと、特徴的な地形を目にすることがある。波食台《はしょく》（ベンチ）と波食窪（ノッチ）である。波食とは「波が削る」という意味であり、波食台・波食窪はその名の通り、波の浸食によってできた平坦面とへこみのことである。海岸の崖は、波によって削られることによって徐々に陸側に後退し、後退した後にはベンチがつくられてゆく。後退しつつある崖の底部には、波によってえぐられたノッチがある。ベンチとノッチは、引き潮の際に磯浜の波打ち際に行けば見つけることができる。満潮や高波の際にベンチは海面下に隠れ、ノッチの場所にまで波が打ち寄せる。

ところが、伊豆の東海岸をよく調べると、満潮時でも波の来ない高い位置にベンチやノッチが見られる。このことは、現在よりも海面が高い時代にこれらの波食地形ができたか、あるいはできた後に陸地そのものが隆起したことを意味する。およそ七千年前ころの縄文時代には、温暖化によって現在よりも海面が三メートルほど高かったことが知られている。したがって、この時期にできた波食地形が、その後の海面低下によって高い位置に残された可能性もあるが、それを証明するためには波食地形ができた年代を知る必要がある。

波食地形そのものは単なる岩の凹凸であるから、その年代を直接調べることは困難である。しかし、岩のへこみには貝・フジツボ・ゴカイの仲間などの石灰質の殻をもつ生物がへばりつくことがある。こうした殻の年代は、206頁で説明した放射性炭素年代測定法で調べられる。これまでの研究によれば、伊豆の東海岸のノッチにへばりついた化石の年代は、いずれも七千年前より若く、しかも高度と年代の異なる二層が認められている。このことは、伊豆の東海岸が七千年前以降二回、地震によって段階的に隆起したことを意味している。しかしながら、こうした地震の規模、震源となった断層の位置、くりかえし間隔などは、まだよくわかっていない。防災上は、下田から伊東までの沖合のどこかの海底に、正体不明の活断層が眠っていると考えておくのが無難である。

波食地形の例。人が立っている平らな面がベンチ、右側の2人の背後にあるえぐれた部分がノッチ。伊東市汐吹崎付近。こんなありふれた海岸地形にも大地の動きが隠されている

伊東市内の海岸の洞窟にへばりついた石灰質生物の化石。海岸が隆起した証拠である

114・西に傾く半島

伊豆の南部を訪ねた注意深い旅人は、半島の東側と西側での奇妙な地形の差異に気づくことだろう。たとえば、下田から婆娑羅《ばさら》峠を経て西海岸の松崎に至る県道を走ると、下田市加増野《かぞうの》あたりまでの前半十五キロメートルほどは、稲生沢川《いのうざわ》がゆったりと流れる平地がえんえんと続く。ところが、加増野から短い坂を登り、婆娑羅トンネルを越えた後の風景は一変する。大沢温泉までの約五キロは険しい山あいの道となり、大沢から松崎海岸までの残り約五キロだけが那賀川の流れる平地となる。

同様な地形の変化は、南伊豆町の弓ヶ浜から下賀茂を経由して西海岸の妻良《めら》を目指した時に、より極端な形で見られる。全行程の九割にあたる弓ヶ浜から立岩までの約十キロメートルは、青野川とその支流がゆるやかに流れる平地であるのに対し、妻良トンネルを抜けた後は、妻良の港までの一・五キロを一気に駆け下る急坂となる。

つまり、南伊豆の地形は、東側がなだらかで海岸まで

空から見た南伊豆の地形の非対称性。弓ヶ浜から分水嶺の妻良峠までが遠い

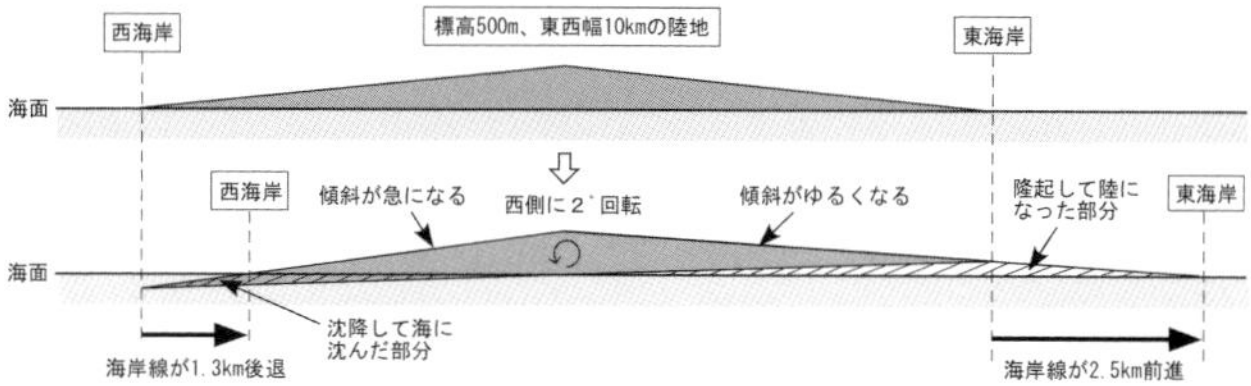

伊豆南部の地形のできかた。仮に東西幅10キロメートル、高さ500メートルの陸地があったとする。それが西側に2°傾いた場合の海岸線や斜面の変化を示す

が遠く、西側が急で海岸が近い。こうした東西の非対称は、地質や岩石の違いによってできる場合もあるが、南伊豆の地質はほぼ一様（多くは36頁以降で説明した白浜層群）なので、別の説明が必要である。

この謎を考えるヒントとなるのは、前節で述べた海岸地形が語る伊豆東海岸の隆起である。もし、東海岸が徐々に隆起し、逆に西海岸が沈降していたとすれば、地形にどのような影響が表れるだろうか？　西海岸の平野は駿河湾に没していき、山の西斜面の傾斜も増していくだろう。逆に、東海岸の平野は相模湾側へと成長し、山の東斜面の傾斜は緩くなっていく。

この推定を裏づけるデータがいくつか得られている。稲生沢川、青野川、伊東大川などの東海岸に注ぐ川ぞいにはかつて入り江があったが、この入り江にたまった地層の最上部は、現在の海面より高い位置にある。これとは逆に、松崎付近の同じ地層の高度は、現在の海面よりも低い。さらに、伊豆半島の海岸ぞいには、かつての海岸平野のなごりである平坦面（海岸段丘《だんきゅう》）が数段認められるが、同じ時期にできた平坦面の高さは、相模湾側で高く、駿河湾側は低い。

こうした事実から、伊豆の東海岸は隆起し、西海岸は沈降しつつあると考えられている。つまり、伊豆半島は徐々に西に向かって傾いているのである。この傾きの原因は、おそらく駿河湾でのプレートの沈み込みであろう。伊豆はプレートの移動とともに、駿河湾の深みへゆっくりと引きずり込まれているのである。

第十一章

生きている伊豆の大地

マグマ活動

115．火山神の系譜

下田市の白浜神社は、伊豆の「プリオシン海岸」として36頁で紹介した白浜海岸に鎮座する神社である。この神社の祭神は「伊古奈比咩神《いこなひめ》」である。この女神に関して、平安時代の初期に不思議な事件があったことが、『日本後紀《こうき》』という書物に記録された。その原文自体は長い歴史の中で失われてしまったが、幸いにして別の書物に引用されて今も読むことができる。それによれば、伊古奈比咩神は天長《てんちょう》九年（西暦八三二年）に深い谷をふさぎ、高い岩を砕き、二千町（約二千四百ヘクタール）もの平地と二つの「院」（おそらく小さな丘）と三つの池を作った。当時の朝廷は、この荒ぶる女神の怒りを鎮めるために、伊古奈比咩神と三嶋神の二人を「名神《みょうじん》」（国が別格の神社として祭る）と定めた。三嶋神は伊古奈比咩神の夫であり、三島市の三嶋大社の祭神である。

この「深い谷をふさぎ…」の記述は、おそらく火山噴火を描いたものに違いない。なぜなら、火口からあふれ出した溶岩が谷を埋めて流れ、海岸に達して溶岩扇状地をつくることは、噴火時にありがちな事件だからである。また、火口の周囲に小火山（本書で何度も述べてきたスコリア丘など）がつくられ、火口に水がたまれば湖や池ができる。割れ目噴火が起きれば小火山や火口が並ぶことになる。

では八三二年に伊豆半島で火山噴火があったのだろうか？　もしそうなら、一九八九年七月の伊東沖海底噴火は、伊豆での有史以来初の噴火ではなかったことになる。しかし、白浜神社付近に新しい火山は見つかっていないし、伊豆東部火山群の陸上での最新の噴火は、２１６頁で述べた約二千七百年前の岩ノ山―伊雄山《いおやま》火山列のものと考えられている。

八三二年事件の真相を知るヒントは、白浜神社の歴史の中にある。歴史学者たちの研究によれば、伊古奈比咩神は、かつて三嶋神とともに三宅島に祭られていて、後に両者ともに白浜神社に祭られ、さらに後に三嶋神だけが三嶋大社に祭られるようになった。つまり、神様の居場所が移動したのである。さらに火山学的なデータも加えることによって、八三二年の噴火は、両神が当時祭られていた三宅島での出来事（北斜面での割れ目噴火）と解釈されている。

なお、この話には後日談があって、六年後の八三八年に起きた神津島の大噴火は、三嶋神と伊古奈比咩神の二人が名神となったことに腹を立てた阿波神（三嶋神の本妻）のしわざとされている。その事情を占いによって知った朝廷は、あわてて阿波神も名神に指定したのである。

下田市の白浜神社

神津島の838年噴火で誕生した天上山（てんじょうさん）溶岩ドーム

116・噴火の幻

吉村昭の小説「落日の宴《うたげ》」は、幕末の下田でロシアとの開国交渉にあたった川路聖謨《かわじとしあきら》を主人公として描いた作品である。川路が対峙したロシア提督プチャーチンとその一行は、戦艦ディアナ号に乗って下田に来航していた。第一回交渉がおこなわれた翌日の一八五四年十二月二十三日（旧暦十一月四日）に安政東海地震（228頁）が発生し、下田港を襲った津波によってディアナ号は大破し、自力航行不能となった。その五日後、プチャーチンは川路たちに「一昨夜、艦上から遠く伊豆の山に火が噴き上げるのを望見したので、もはや地震と津波が起こる恐れはなく、安心なされ」と伝言した。

「落日の宴」にあるこの記述は、川路自身が書き残した『下田日記』によるものであり、原文は「一昨夜伊豆の山より火気上昇したり、もはや地震・つなみの気遣はなしと申来る。御安心成さるべし」である。この当時の西洋世界では、地震の原因が地下の断層運動であることはまだ解明されておらず、漠然と「地中にある火気（硫黄の気）」が起こすものと信じられていた。プチャーチンは、地震の原因である火気がもれたので、もはや地震や津波が起きないと考えたようである。

では、この「火気」の正体はいったい何だったのだろうか？　もっとも単純な解釈は火山の噴火である。しかし、前節でも述べたように下田周辺に新しい時代の火山の存在は知られていない。また、下田に滞在していた奉行のひとり村垣範正は、幕府への報告のため大地震の二日後に下田を発ち、その夜は河津町梨本、翌日は天城峠を越えて伊豆の国市の原木《ばらき》に宿している。つまり、村垣は伊豆東部火山群の分布域の中を通過しているが、地震の被害や余震の記述以外に、火山噴火に関係しそうな異常現象を何も記録していない。そもそも幕府側の人間は、誰も「火気」を目撃していないようである。こうしたことから、プチャーチンが見た「火気」は火山の噴火とは考えがたく、それが事実であったとしても山火事や野焼き等の他の原因による可能性が高いだろう。

なお、その後ディアナ号は修理のために戸田《へだ》に回航する途中で強風にあい、富士市の沖まで流され、最終的には沈没してしまう。船を失ったロシア人一行は、その後戸田の船大工がつくった「ヘダ号」によって帰国することとなった。

下田港から見た風景。右側の山は寝姿山、左側の三角形の山は下田富士。どちらも二百万年前よりも古い「火山の根」(46頁) が浸食で洗い出されたものであり、火山体そのものではない

達磨山から見た戸田の港

117. 火山と地震の連動

下田港で一八五四年安政東海地震に遭遇したロシア提督プチャーチンは、地震の原因を地中の「火気」であると考えていた。その後、地震は地下の岩石に蓄えられた歪《ひず》みが断層破壊によって解放される現象であることが判明し、現在ではその断層(震源断層)の位置や形状を精密な観測で推定できるようになっている。そもそも「火気」、すなわち地下のマグマがすべての地震の犯人だと考えてしまうと、火山から遠く離れた場所で発生する数多くの地震の原因を説明できない。

しかし、地震と「火気」の関係が全くの妄想だったわけではない。火山の噴火にしばしば地震がともなうことは、古くから知られていた。現代では、こうした火山と地震の密接な関連性が、マグマと震源断層の力の及ぼし合いによって説明されている。

マグマが、地下のマグマだまりから地表近くに上ってくる場合を考えよう。マグマの移動によって周囲の岩石は力を受ける。もともと地下の岩石には、ある程度の歪みが蓄えられている。マグマが加えた力がその歪みを増大させれば、岩石は歪みに耐えられなくなって破壊し、断層が生じて地震が起きる。一九七八年以来、伊東沖で断続的に続いている群発地震のメカニズムがまさにこれである。あるいは、マグマが上ってきた場所の近くに、未知の活断層が歪みを限界まで蓄積した状態で眠っている場合もある。こうした断層の歪みがマグマの圧力で増大した場合、断層が破壊して大地震が起きることがある。一九八〇年六月に起きた伊豆半島東方沖地震(M6・7)は、おそらくこうした例のひとつである。

一方で、逆に地震がマグマの活動を誘発する場合もある。その代表例は、一七〇七年宝永東海地震の

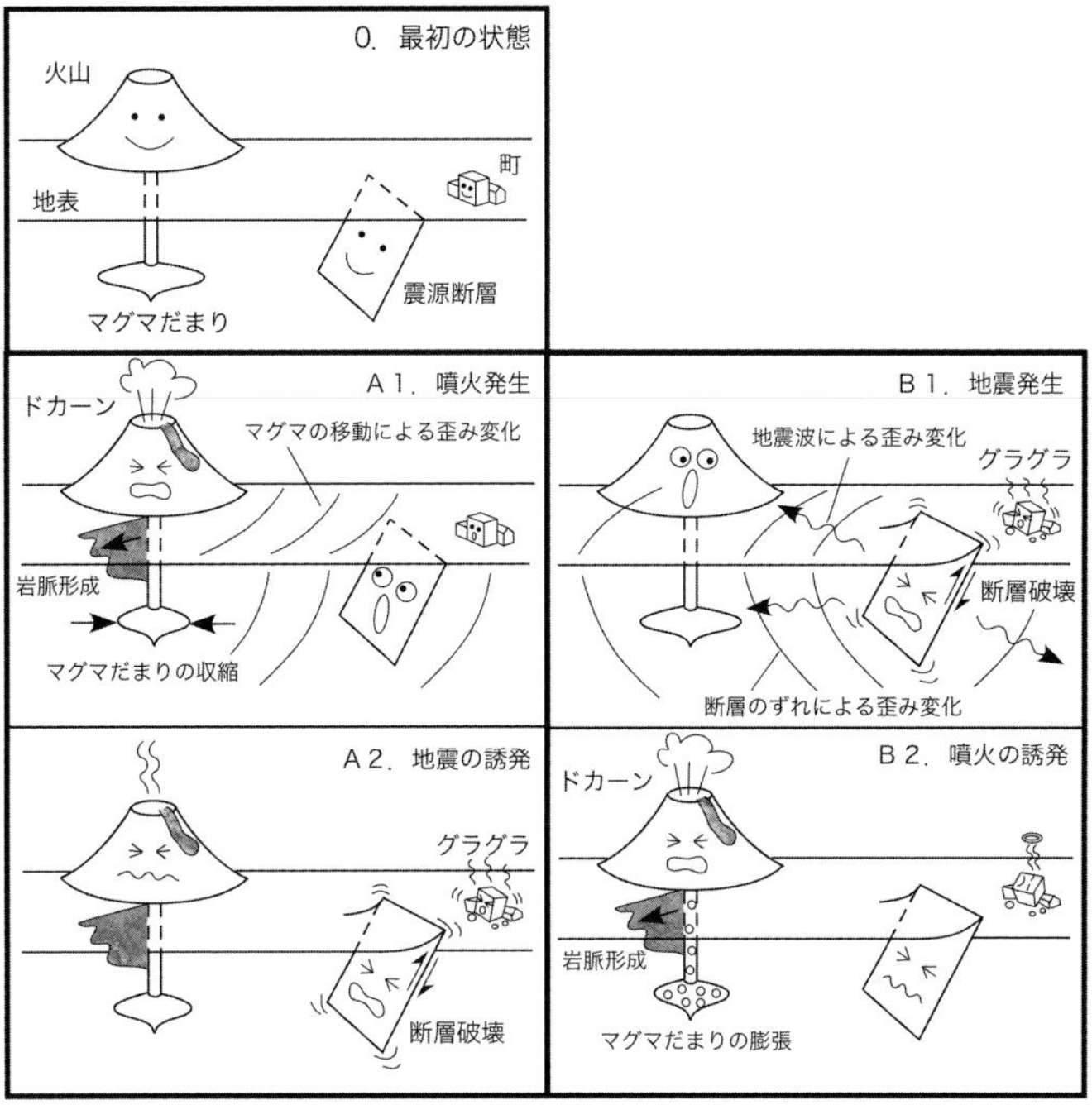

近い距離にある火山と地震（震源断層）は、互いに影響を及ぼし合う関係にある。噴火が地震を誘発することもあれば（A1→A2）、地震が噴火を誘発することもある（B1→B2）

四十九日後に起きた富士山の大規模な噴火（宝永噴火）である。こうした誘発のメカニズムとして、二つの候補がある。ひとつは地震を起こした断層の動きによって、周辺の歪みが変化することである。この変化がマグマを刺激する方向に働いた時に、マグマの上昇を誘発し、噴火に至る場合がある。もうひとつは、地震の強い揺れそのものがマグマをゆさぶって刺激する場合である。ただし、いずれの場合においても、マグマの側で噴火への準備が整っている（十分なエネルギーをためている）ことが必要である。

118．歴史の中のマグマ活動（1）　16世紀末～18世紀前半

一九七八年以来、断続的に伊豆東方沖で群発地震が続いている。この群発地震の原因が伊豆東部火山群のマグマ活動であることは、一九八九年七月十三日の伊東沖での噴火によって証明された。前節で述べたように、マグマに押しのけられた岩盤の歪みが限界に達し、次々と地震が起きるのである。こうした群発地震は、いつまで続くのだろうか？

この切実な疑問を解くためには、歴史をふりかえることが一つの鍵になる。１０２頁から２２３頁まで、伊豆東部火山群が残した物証（噴出物）から噴火の歴史をふりかえった。しかし、噴出物をほとんど残さなかった小さな噴火は、そうした調査からもれることがある。ましてや地下のマグマ活動に至っては、地表に何も証拠を残さないことが普通である。つまり、マグマ活動の全体像を知るためには地質学的手法だけでは不十分であり、歴史時代においては古記録を読み解くことも重要となる。人間が書き残した歴史の中に、伊豆で起きたとみられる群発地震やマグマ活動の痕跡を探すのである。すでに噴火記録の候補として、２６０～２６３頁で八三二年と一八五四年の事例を紹介し、どちらも現状では否定されていることを述べた。ここからは他の事例をまとめて紹介していこう。

伊豆半島内で起きた群発地震の現存記録として最古のものは、伊豆の地誌として名高い『増訂豆州志稿《ぞうていずしゅうしこう》』にあり、「慶長元年五月二日（一五九六年五月二十八日）に地震があり、月を越えた」と書かれている。最初に大地震があって、その余震が翌月まで引き続いた（つまり、群発地震ではなかった）可能性も否定できないが、場所が特定されていないため詳細は不明である。

次に表れる候補は一七三七年のものである。当時の駿府（現在の静岡市）にあった硯屋《すずり》の主人が書きつづっていた『硯屋日記』に、元文二年三月〜四月（一七三七年三月三十一日〜五月二十九日の期間に相当）に伊豆でたびたび地震があり、四月はとくに強いゆれが何度もあったと書かれている。この地震によって、熱海・修善寺・吉奈《よしな》温泉などの湯治客の多くが故郷に帰ってしまったという。期間の後半に強いゆれが何度もあった点から、大きな本震とその余震の記録ではなく、群発地震の疑いが強い。場所は定かでないが、伊東の名前が見られないことから北伊豆または中伊豆が震源域とみられる。

写真の右半分のつい立てのような岩板は、大地を引き裂いて上ってきた伊豆東部火山群のマグマが冷え固まってできた岩脈である。現在は地下ダムとなって豊かな水源をもたらしている。伊東市の水道山

伊東市の海岸に見られる伊豆東部火山群の岩脈。およそ10万年前に噴火した三野原北火山のもの

119. 歴史の中のマグマ活動(2) 18世紀後半

ここでも伊豆東部火山群のマグマ活動の候補を歴史記録の中から探し、その真偽を検討していこう。

本書の240頁でも紹介した沼津市大平《おおひら》地区に伝わる『大平年代記』に、一七七〇年九月十七日(原文には日付誤記があるため修正済み)の夜に北北東の空が異常に赤く、火柱のようなものがいく筋も空へ吹き上がるように見えたと記されている。同様な現象が、東海道原宿(現在の沼津市原)の土屋家に伝わる絵図にも描かれている。まるで火山の噴火を遠望したようにも思える。しかし、同日の夜に日本の広い範囲で同じ現象が記録されていることから、特定の場所での噴火ではなく、赤い火柱の正体はオーロラだと考えられている。

太陽活動の激しい時には日本のような中緯度地域でも赤いオーロラが観測されることがあり、古来より「赤気《せっき》」の名で知られていた。最近では二〇〇三年十月三十日夜に北海道などで肉眼観察された例がある。通常のオーロラは緑色をしているが、その上部は赤味を帯びることがある。日本から見ると、下部の緑色部分は地平線に隠れて見えず、上部の赤色部分だけが遠望されるのである。

同じ『大平年代記』に、一七七九年四月十五日から震動が昼夜やまずに少なくとも一週間続いたことが記されている。この震動の正体は一七七七年から続いていた伊豆大島の噴火かもしれないが、現時点では不確実である。

また、同じ年の十一月十日(安永八年十月三日)に「土雨」が降って、翌朝は草木の葉が白く薄霜の降りたようになり、畑も灰をまいたようになったとの記述がある。この現象は他の地域でも記録されており、その分布図を描くと桜島に原因を発したものであることがわかる。つまり、その前々日から始まった桜島の安永噴火の噴煙がはるばると伊豆の上空に達し、そこからの降灰があったのである。１３２頁以降や１６２頁で述べた九州起源の火山灰が、歴史時代の伊豆にも来ていたのだ。ただし、微量であったために、現在の伊豆でこの火山灰を見つけることは困難である。

なお、大正時代に編集された『小室村誌』（旧小室村は、現在の伊東市川奈・吉田・荻《おぎ》・十足《とおたり》の四地区を併せた範囲）にも同時期の降灰記録があるが、安永八年ではなく安永六年十月三日とある。この「六」は「八」の誤記かもしれないが、はっきりしたことは不明である。

数々の自然現象記述を含む『大平年代記』が書かれた沼津市大平地区。右手奥に見えるのは富士山と愛鷹山

南側から見た富士山。1707 年に大噴火（宝永噴火、178 頁）を起こした火口（宝永火口）が右肩に見えている。この噴火の記録も『大平年代記』に残されている

120．歴史の中のマグマ活動（3） 19世紀

前節で紹介した『小室村誌』は、一九一三年（大正二年）という比較的新しい時代に編集されたものとはいえ、他の史料では知りえない記録を多数含んでいて貴重である。

その中に、文化十三年十一月十一日～十二月四日（一八一六年十二月二十九日～一八一七年一月二十日）の間，毎日地震があったが幸いにして人畜家屋には被害がなかったことが、現在の伊東市川奈地区の出来事として語られている。村誌の編集時期から百年近く前の事件であることや、出典史料が示されていないことから、この記事を単純に事実とみなすことはできない。しかし、近い時期の疫病流行や大火が出典史料を挙げて詳しく記述されていることを考えると、必ずしも編集材料がなかった時代とは言いきれない。よって、この記事は、川奈沖で群発地震が一八一六年末～一八一七年初頭にかけて生じたことを示すと考えられる。

さらに時代を下ると、同じ川奈地区の事件として「明治元年日々地震あり。石垣土手の崩壊するもの甚だ多かりき」という記述が現れる。これも群発地震の記録と考えられるが、具体的な月日や出典史料が記されていない。しかし、明治元年は『小室村誌』成立のわずか四十五年前にあたり、編集時には事件の体験者が多数生存していたと考えられ、実際に同年の他の記事には体験者の談話が採録されている。したがって、明治元年（一八六八年）の地震記事は体験者の記憶をもとに書かれた可能性が高いだろう。

さらに、この地震には別の記録が二つ存在する。ひとつは、当時「地震博士」として名をはせた東京帝国大学の今村明恒《あきつね》教授らの一九三〇年伊東群発地震（次節で詳述）の調査結果にある古老の談話であ

南から見た川奈の港。中ほどに見える岬は汐吹崎、その背後に手石島が見える

る。この地方では（一九三〇年の）六十年ほど前にも地震が頻発し、今回の地震よりも強かった。約二ヶ月間、毎日多数の地震があって、以後も半年ほどは時々ゆれたとの内容である。古老の名前や住所は記されていないが、川奈でも同様な話を聞いたと記しており、少なくとも二人の古老が同様のことを今村たちに語ったようである。もうひとつは、伊東市立西小学校が所蔵する一九三〇年伊東群発地震の記録の中に、伊東の岡地区の古老の談話として、伊東では明治三年四月初めから六月にかけて連日小地震があったとの記述がある。明治元年と三年で若干の食い違いがあるが、いずれにしても明治初年に伊東沖ではっきりとした群発地震があったことは間違いないだろう。

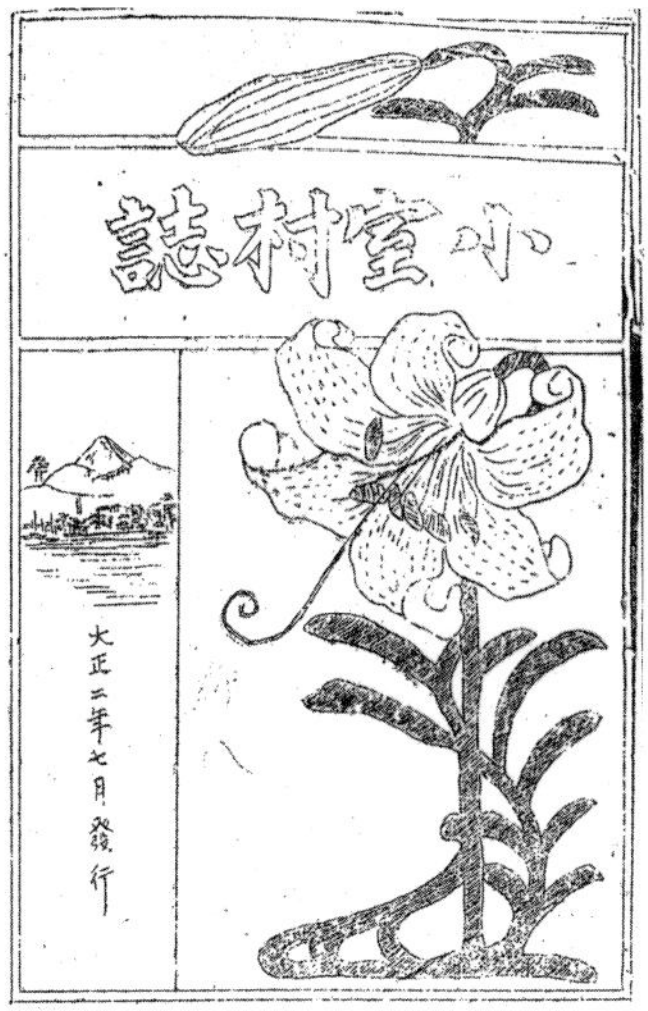

江戸時代と明治初年ころの群発地震記録を載せる『小室村誌』

121．歴史の中のマグマ活動（4）　１９３０年

一九三〇年（昭和五年）の二月から五月にかけて、伊東付近ではっきりとした群発地震があったことがよく知られている。後に「伊東群発地震」と呼ばれるようになった事件である。二月十三日の夜から有感地震が始まり、二月後半から三月（第一期）と、五月（第二期）の二度の地震回数の高まりがあった。伊東港から川奈にかけての沖合に震源が集中したことや、付近の地盤が最大二十センチほど隆起したことが測量によって判明するなど、その特徴が一九七八年以降の伊豆東方沖群発地震とそっくりである。このことから、一九三〇年伊東群発地震は、現代の伊豆東方沖群発地震と同様に、伊豆東部火山群のマグマが地下に押し入ったことが原因とみられている。

ただし、その規模はケタ違いに大きかった。一九七八年以降の群発地震の継続期間の多くは一ヶ月以内であり、有感地震回数は最多の一九八九年六～九月（伊東沖海底噴火をともなった群発地震）でも総計四百九十四回に過ぎない。M５以上の地震回数は、一回の群発地震につき二回以内である。これに対し、一九三〇年伊東群発地震は、小康期間があったとはいえ三ヶ月以上の長きに及んだ上に、有感地震の回数は二～五月で何と四千十五回に達し、M５以上の地震（最大はM５・９）が十回以上にも及んだ。一九七八年以降の群発地震しか経験していない人にとっては想像を絶するほどの、活発なマグマ活動が過去に起きていたのである。また、先に述べた隆起量二十センチは、一九七八年以降の伊豆東方沖群発地震にともなう総隆起量のほぼ半分にあたる。

こうした地震や隆起量の規模の差は、一九三〇年の群発地震時に地下へ押し入ったマグマの量がケタ

番号	年月日	継続期間	被害状況
1	1596年5月28日〜6月末または7月初め？	1〜2ヶ月？	不明
2	1737年3月末〜5月末？	2ヶ月？	熱海・吉奈・修善寺温泉などで湯治客が不安を感じて帰郷した
3	1816年12月29日〜1817年1月20日	1ヶ月弱	強いゆれが多かったが被害なし
4	1868年(あるいは1870年) 5月初め〜6月末または7月	2〜3ヶ月	石垣土手の崩壊が多かった
5	1930年2月13日夜〜5月末	3ヶ月半	道路・建築物に若干の被害
6	1978年11月〜現在	30年以上にわたり間欠的に継続	道路・建築物に若干の被害

歴史時代の伊豆で起きた群発地震のリスト（候補も含む）。５と６は伊東沖の群発地震であることが確実。３と４もその可能性が高い。ただし、幕末以前の伊豆の歴史記録自体に欠落が多いので、リストにも不備があると考えてほしい

違いに大きかったこと（二億立方メートル程度）によるものと考えられている。一九七八年以降のマグマ量は、一回の群発地震につき、最大でも二千万立方メートル程度に過ぎない。

こうした大規模なマグマ活動であったにもかかわらず、一九三〇年伊東群発地震は、幸いなことに噴火を起こすまでには至らなかった。しかし、影響は別の面に現れた。伊東付近の地下に押し入ったマグマは、伊豆北東部の地殻を北に押しやり、同じ年の十一月二十六日に起きた北伊豆地震（Ｍ７・３）（２３６頁）を誘発したとみられている。

122・歴史の中のマグマ活動(5)　1930〜1978年

一九三〇年二〜五月の伊東群発地震にともなって発生した伊東付近の異常隆起は、群発地震活動が完全におさまった後も、さらに同年十一月の北伊豆地震（M7・3）が起きた後も終息せず、少なくとも一九三三年初めまで引き続いた。つまり、群発地震の終了後も、伊豆東部火山群のマグマ活動が静かに進行したのである。ただし、当時の測量は海岸ぞいのみで行われたので、隆起の中心がどこにあったかは判然としない。その後、隆起は沈降に転じ、伊東の大地は一九七〇年代前半までゆっくりと沈み続けた。242頁でも書いたように、この期間は伊豆の地震活動も全体的に静穏であった。

この静寂が一九七四年五月の伊豆半島沖地震（M6・9）によって破られた後、一九七五年初めから伊東で再び異常隆起が観測され始めた。マグマが目を覚ましたのである。おそらく264頁で述べたいずれかのメカニズムが働き、大地震が眠っていたマグマに刺激を与えたためと考えられる。隆起域の中心は伊豆市冷川付近にあることがわかり、「冷川付近の異常隆起」などと呼ばれるようになった。その量は、一九七七年末までに十五センチメートルに達した地点もある。ただし、隆起域付近に群発地震は起きず、むしろその外側の天城山から東伊豆沖にわたる広い範囲で散発的に小地震が起き続けた。

その後、一九七八年一月に東伊豆町と伊豆大島の間の海底を震源域として伊豆大島近海地震（M7・0）が発生した。この地震は、石廊崎断層を震源とした伊豆半島沖地震よりも北東の、伊豆東部火山群の分布域の南端付近で生じたから、より大きな影響をマグマに与えたと考えられるが、具体的なことは未解明である。

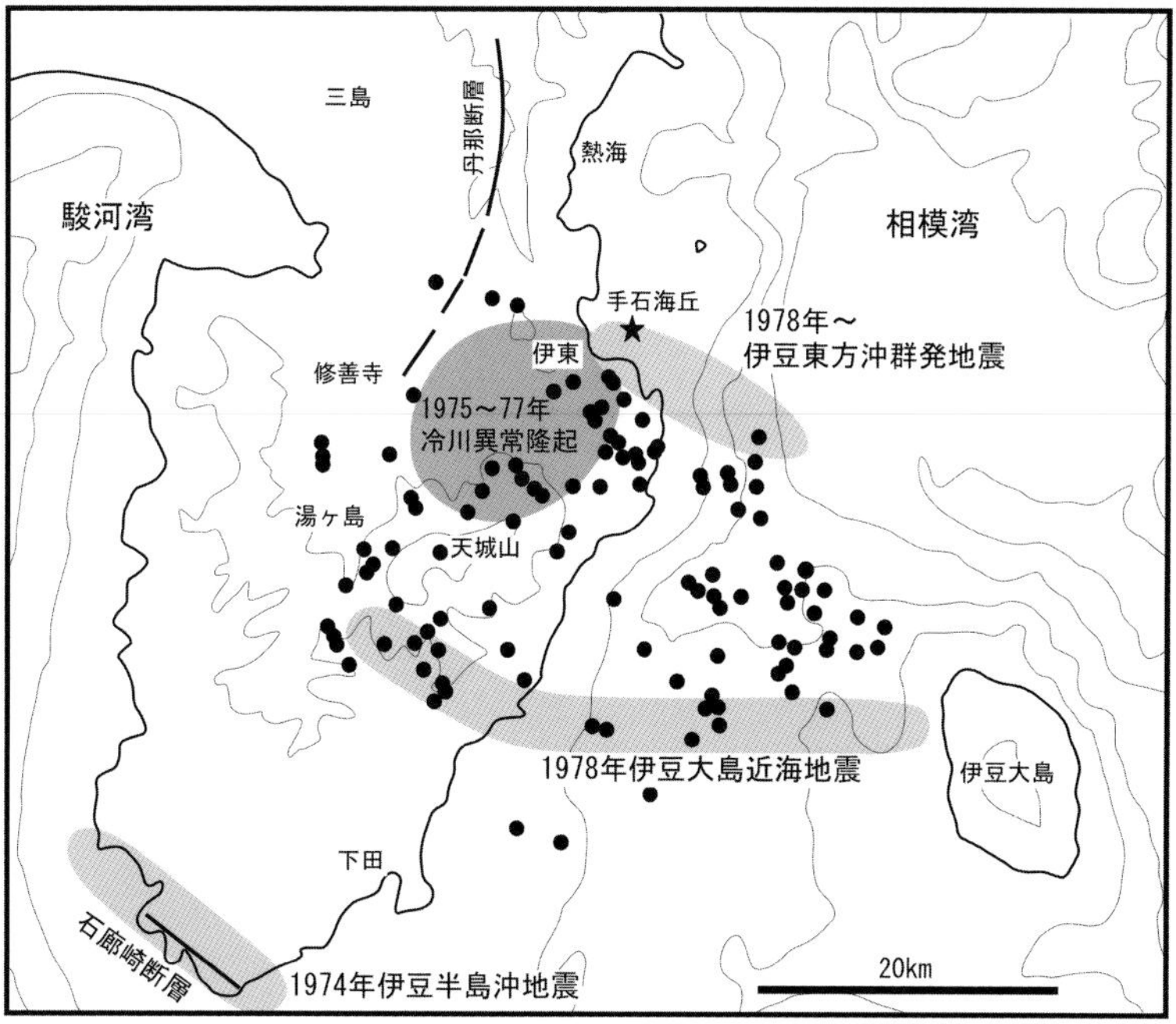

1974年から1978年頃までの主な地震の震源域（薄い灰色）と異常隆起の範囲（10センチメートル以上隆起した部分：濃い灰色）。黒丸は伊豆東部火山群。細い実線は400メートルごとの等高線と等深線

しかし、結果として起きたことは伊東市民にとって重大であった。一九七八年十一月から川奈崎沖で群発地震が起きはじめたのである。「伊豆東方沖群発地震」の名で呼ばれることになった現象の始まりであった。この最初の群発地震から二〇〇九年末までの三十一年間で、小規模なものまで含めると計四十六回の群発地震が川奈崎沖で起きている。そして、この群発地震の開始とともに、異常隆起の中心も冷川付近から伊東市南部に移動したことが判明した。この隆起域の場所は、その後ほぼ固定された状態で現在を迎えている。マグマが地表への通路を本格的に模索し始めた結果であった。

123．伊東沖海底噴火（1） 噴火までの経緯

これまで伊東付近で起きる群発地震や異常隆起の原因をマグマ活動と断定して説明してきた。伊東沖海底噴火後の今では、このことに疑いをはさむ人はいないが、もちろん最初から地下のマグマが原因とわかっていたわけではない。元東大教授・久野久《くのひさし》（86頁、234頁も参照）は、一九五四年に出版された論文の中で一九三〇年伊東群発地震のマグマ原因説を早くも主張したが、伊豆市冷川付近で異常隆起が観測され始めた一九七〇年代後半には、地下の断層が地震を起こさずにゆっくりとずれたために隆起が起きたと考える人もいた。しかし、一九七八年以来、毎年のように川奈崎沖で伊豆東方沖群発地震が起き、それに連動した伊東市南部の異常隆起が観測されるようになると、単純な断層説では説明がつかなくなった。異常隆起の中心地は群発地震の発生場所ではなく、いつもその南西隣りだったからである。

これらの観測データをすっきりと説明できたのが、板状のマグマ（岩脈）が川奈崎沖の地下に押し入ったとする説である。この説は、一九八八年頃までに多くの研究者に信じられるようになった。つまり、一九八九年七月十三日の伊東沖海底噴火を待たずに、伊東沖の群発地震を起こす黒幕の正体はマグマだと判明していたのである。

一九八九年六月三十日から始まった群発地震はとくに規模の大きいものであり、その震源域は陸寄りの、まさに伊東温泉街の沖と言ってよい場所であった。当時の私は静岡大学理学部助手になりたての身であり、最初に指導した学生のひとりが伊東市宇佐美付近の地質を卒業研究のテーマとして調査中であった。この頃の私は、まだ火山学の研究にのめり込んでいたわけではなく、伊豆東部火山群についての

も他人の論文で得た知識しか持っていなかった。それにもかかわらず、七月になって調査地に行こうとしていた学生に対し、私は「最悪の場合、宇佐美の沖で海底噴火が生じる可能性があるから十分注意するように」と伝えたことを、今でもよく覚えている。つまり、伊東沖で海底噴火が起きてもおかしくないという認識が、一九八九年の前半時点で、少なくとも伊豆の地震・火山に関心をもつ研究者の間に広まっていたのである。こうした研究者側の意識が、地元の行政や住民にもっと事前に伝わっていればと思うと残念でならない。

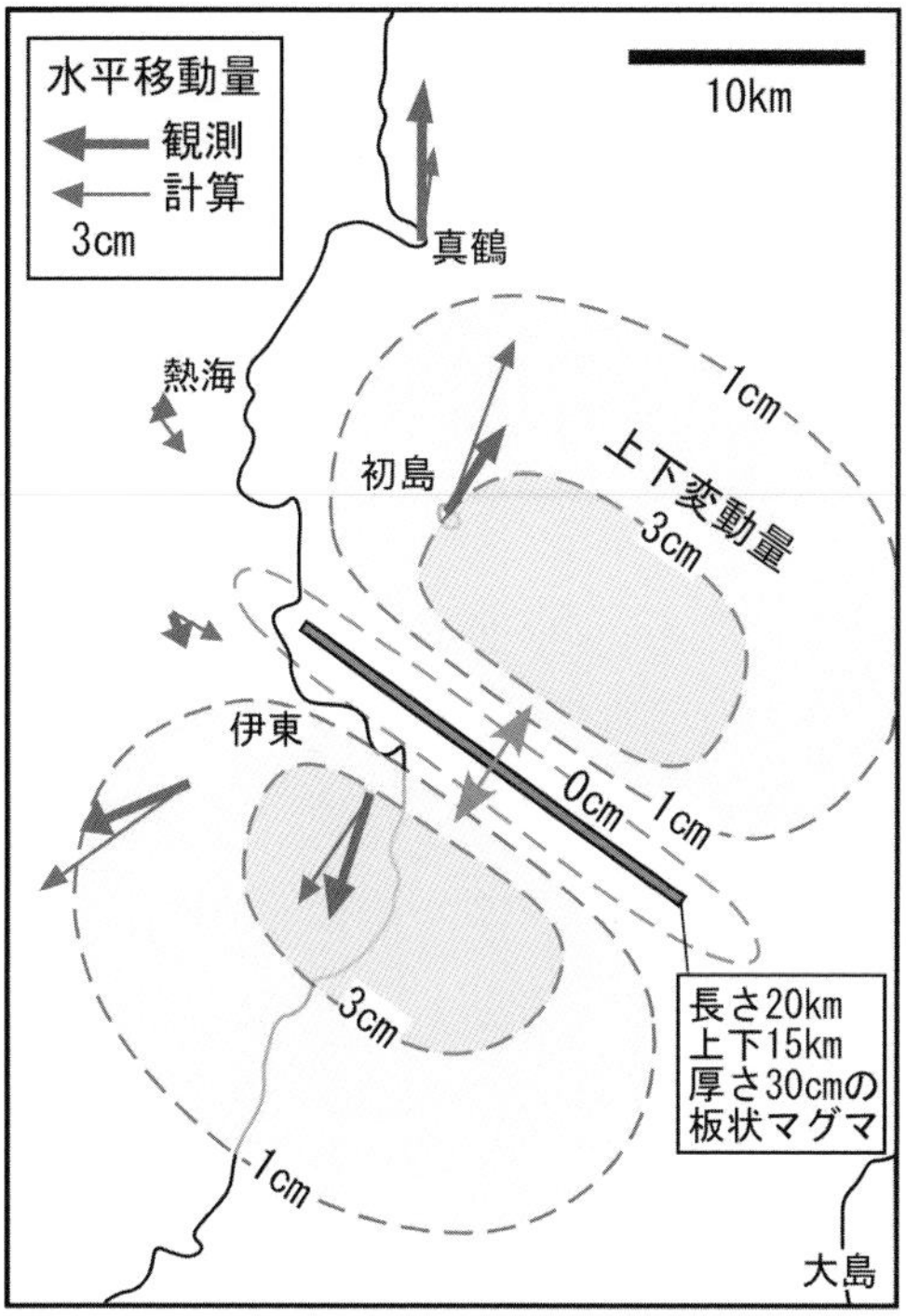

海底噴火前年の1988年に起きた伊東付近の群発地震と異常隆起を、伊東沖の地下に押し入った板状マグマ（岩脈）によって説明した図（海底噴火に先立つ1989年春に国土地理院の研究者（多田と橋本）が発表したもの）。川奈崎沖の群発地震と伊東市南部の異常隆起の両方を説明できる

124・伊東沖海底噴火（2）　火山性微動と噴火

一九八九年（平成元年）六月三十日から始まった規模の大きい群発地震の震源域は、伊豆東方沖群発地震としてはもっとも北西寄りの、まさに伊東温泉街の沖と言ってよい場所にあり、震源の深さも大多数が五キロメートル以内と浅かった。七月九日にはM5・5の最大地震が起き、伊東市内に石垣の崩壊などの被害を与えた。その群発地震がほぼ収まりかけた二日後の七月十一日夜から翌朝にかけて、伊東市内の地震計が断続的に記録した大きな震動は、推移を見守っていた専門家たちに強い衝撃を与えるものであった。それは、通常の地震波形ではなく、火山性微動の波形だったからだ。火山性微動とは、火山の地下でマグマなどの流体が動くときに発生すると考えられている特徴的な震動であり、通常の地震よりもゆっくりと揺れ、始まりと終わりが明確でない。噴火直前や噴火中にしばしば発生する。

この微動発生の知らせによって緊張感が一気に高まり、翌十二日に火山噴火予知連絡会の拡大幹事会が緊急招集される事態になった。この時点までの伊豆東方沖群発地震は、おもに地震学者が観測・研究していたため、その活動評価も地震予知連絡会が取り扱っていた。つまり、火山学者が主体の火山噴火予知連絡会の招集は、そのことだけでも異常事態を意味していたのである。会議後に、火山噴火予知連会長は「微動は地下のマグマの活動による可能性がある」とコメントしたが、専門家の間では海底ですでに噴火が始まっているのでは、という憶測も流れた。

海上保安庁は、七月十三日に測量船「拓洋《たくよう》」を伊東沖に派遣して群発地震域の海底調査を始めた。あたりが薄暗くなった十八時三十三分頃、拓洋の乗員たちは船底をハンマーで何度も叩かれるような衝撃と大音響に気づいた。恐怖にかられた彼らの目に飛び込んだのは、一キロメートルほど離れた海面上に吹き上がった黒い噴煙であった。有史以来初の伊豆東部火山群の噴火が目撃された瞬間である。噴煙は、水とマグマが触れあって爆発した時に生じる特徴的な鶏尾《けいび》状噴煙と呼ばれるもので、五回吹き上がり、最大のものは直径が二百三十メートル、海面からの高さが百十三メートルに達した。噴火地点は、拓洋がほんの七分ほど前に上を通過した場所である。つまり、彼らはわずか七分の差で噴火の直撃による遭難を免れたのである。この噴煙は伊東市内の海岸各所からも遠望され、目撃した人々を混乱におとしいれた。

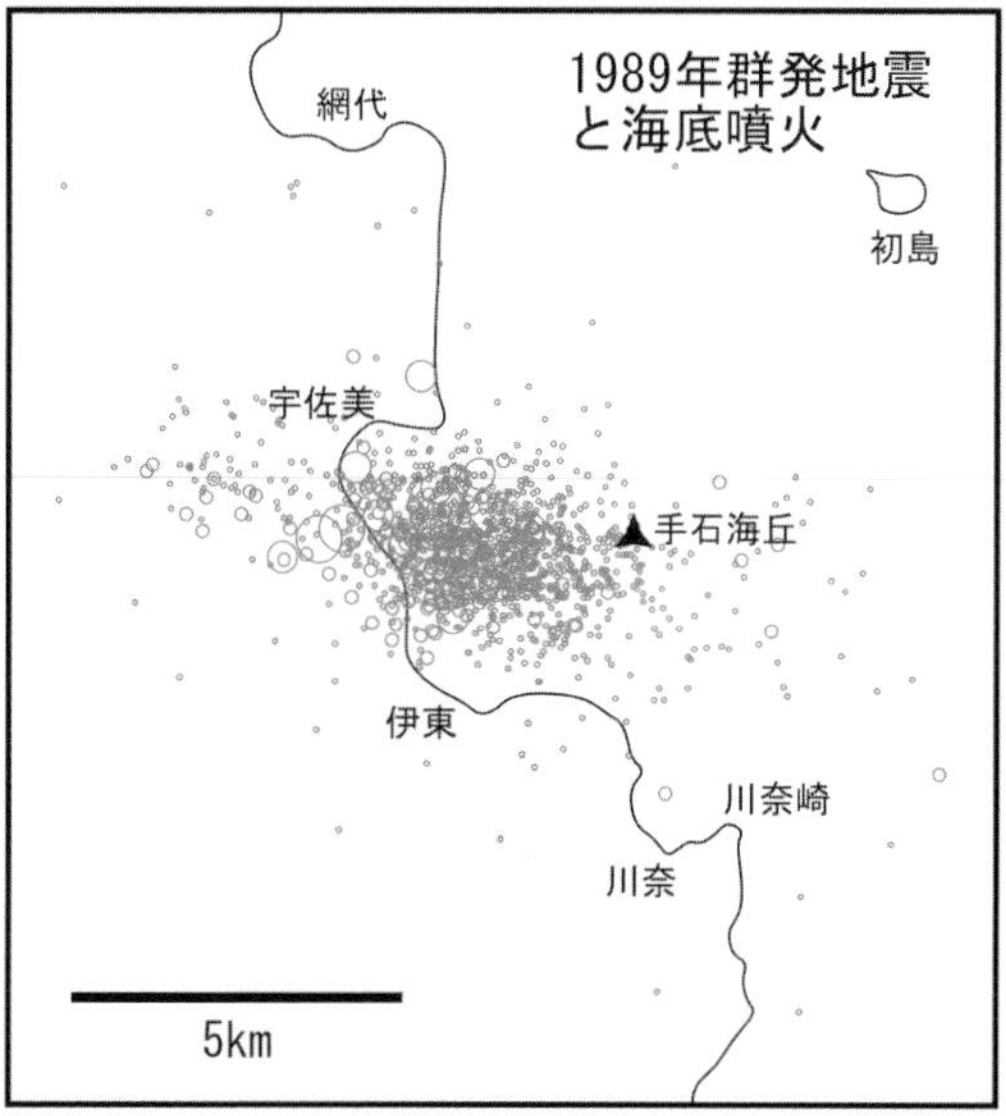

1989 年 6 月末〜 7 月の群発地震の震源分布と手石海丘（伊東沖海底噴火を起こした火山）の位置。震源は気象庁の地震カタログによる

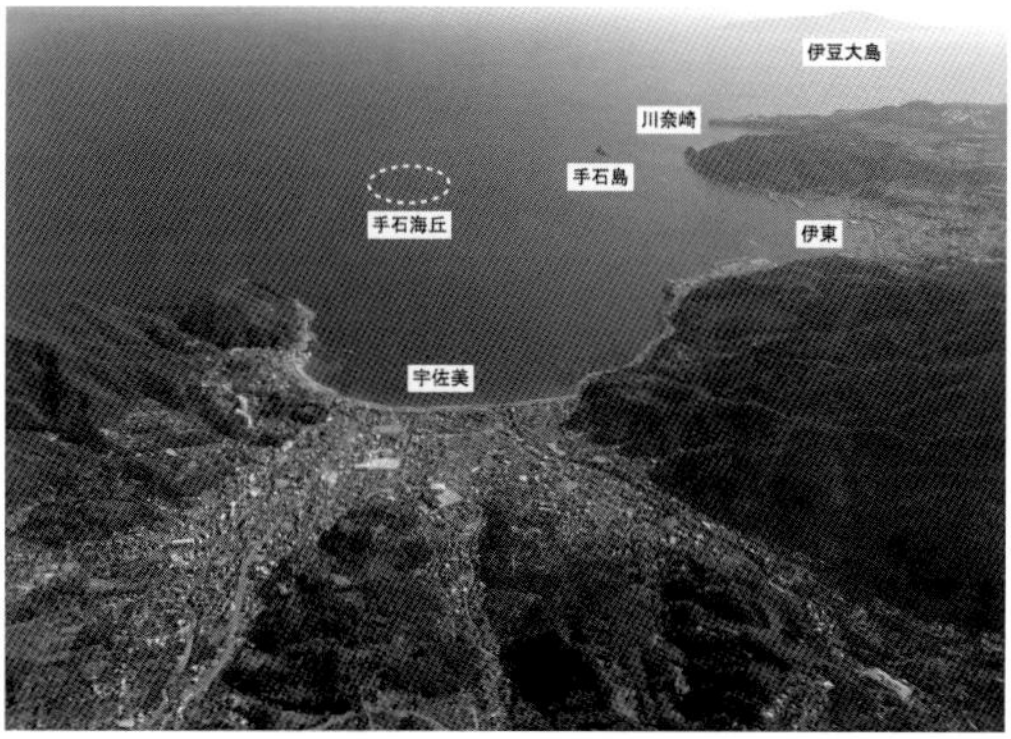

西側上空から見た伊東市宇佐美とその周辺。手石海丘のおおよその位置も示した

125. 伊東沖海底噴火(3) 噴火の衝撃

一九八九年(平成元年)七月十三日に伊東沖で生じた海底噴火の噴煙は、幸いにして十八時四十四分頃のものを最後として目撃されなくなった。つまり、海面上に噴火が目撃されたのは、噴火開始からわずか十分足らずであった。七月十一日から翌日にかけて記録されたものと同じ大きな火山性微動が、十三日の噴火にともなって再び観測されたが、同じ日の十九時過ぎに終息した。その後も同様の微動が時々発生したが、七月二十一日を最後に観測されなくなった。

七月九日の測量では何も認められなかった水深九五メートルの海底に、七月十三日になって高さ二十五メートルほどの小丘が誕生していることを、噴火の直前にその上を通過した海上保安庁の調査船「拓洋」が確認している。噴火の後、この小丘の頂部に直径二百メートル、深さ四十メートルほどの火口が確認された。これが、現在もはっきりと海底地形に残る手石海丘《ていしかいきゅう》火山である。

七月十三日の噴火直後に、伊東市内の海岸に白黒まだらの軽石が多数流れ着いた。化学分析の結果、その白色部分は、海底にあった古い地層中の火山灰などが再加熱されたものとわかったが、それを取り巻く黒い部分は、他の伊豆東部火山群が噴出した岩石と同じ化学的特徴をもつものであった。つまり、岩石学的な面からも、手石海丘火山が伊豆東部火山群の一員と確認されたのである。

伊東沖海底噴火が、専門家ばかりでなく地元の社会に与えた衝撃は相当なものであった。静岡新聞社取材班は、噴火に関わったさまざまな立場の人へ精力的な取材を続け、その結果を噴火後の一九八九年十月から翌年六月にかけて静岡新聞の長期連載記事としてまとめている。この特集記事は後に「地球のシグナル」（静岡新聞社刊）という立派な本にまとめられ、今でも図書館などで閲覧可能である。それはさながら、突然の火山の目覚めに翻弄されながらも、生活と安全を守るために必死で対応した人々の群像である。

この噴火は、私のその後の研究人生にも大きな影響を与えた。一九八九年頃は、ちょうど私がそれまでの地質学主体の自分の研究テーマを、火山学主体のものへと移行させている時期にあった。一九八三年の三宅島、一九八六年の伊豆大島の噴火を直接現場で体験し、つよく印象づけられていた私は、とどめの伊豆東部火山群の噴火を機に、火山の噴火史や防災の研究にのめりこむようになった。

1991年に静岡新聞社から刊行された「地球のシグナル」。関係者への綿密な取材にもとづく伊東沖海底噴火の貴重なドキュメントである

126・伊東沖海底噴火（4） 与えられた猶予

一九八九年（平成元年）七月十三日の伊東沖海底噴火は地元の社会に大きな衝撃と恐怖を与えたとはいえ、その後の推移はあらゆる面で幸運と言えるものであった。まず、海面上に噴煙が見られた時間は噴火当日のわずか十分弱であった。海底での噴火を示すとみられる火山性微動も、七月十一日〜二十一日のほぼ十日間で終了した。地殻変動から概算して二千万立方メートルほどのマグマが上ってきたにもかかわらず、噴出した量はそのうちの百分の一程度であり、しかも海底に出たために陸上への被害が全くなかった。

２２２頁で述べたように、伊豆東部火山群では中心部に安山岩・流紋岩マグマの噴出する領域があり、そこでの噴火は大規模・爆発的になりやすい。しかしながら、伊東沖噴火は火山群周縁部の玄武岩領域で起きたために、小規模かつ比較的穏やかな噴火となったことも幸運であった。さらには玄武岩質とはいえ、海底噴火は大量の水と熱いマグマが直接触れ合うため爆発的となり、火山灰まじりの爆風である火砕サージや、最悪の場合には津波を引き起こす可能性もあったが、そういう事態にもならなかった。

さらに、噴火が長引く可能性もあった。たとえば、伊東沖とそっくりな海底噴火を起こした例として、アイスランド沖で一九六三年十一月から始まったスルスエイ（スルツェイ）火山の噴火が有名である。この噴火は、海底にできた割れ目火口から突然始まり、当初は爆発的な噴火をくり返し、翌日の夜に早くも噴出物が積もって島が誕生した。以後も噴火は続き、三年かけて三つの火山島とひとつの海底火山を成長させた。このうちの最大のスルスエイ島では陸上に溶岩を流す噴火が一九六七年まで継続し、

伊東市の汐吹崎（写真中央）と手石島（写真右の小島）。手石島のさらに右手（写真の枠外）で1989年7月の海底噴火が起きた

現在も直径千五百メートル余り、最大標高一五四メートルの立派な島として残っている。

つまり、悪い可能性を考えれば、伊東沖噴火も数年続いた上に、そこに新しい火山島が誕生してもおかしくなかった。火砕サージや津波が市街地を襲って被害を与える可能性も十分あった。さらには噴火場所が伊東沖ではなく伊豆東部火山群内のどこかの陸上だったとすれば、市街地の中に突然火山が誕生する可能性もゼロではなかった。つまり、伊豆の住民はおよそ二千七百年ぶりの噴火に立ち会ったとはいえ、きわめて幸運であった。この幸運に心から感謝するとともに、次の噴火に備える猶予が与えられたと謙虚に考えるべきなのである。

第十二章

大地と共に生きる

127. 群発地震を予測する(上) 開始予測の成功

一九八九年(平成元年)の海底噴火の後も、伊豆東方沖群発地震は断続的に引き続いている。一九七八年十一月の最初の群発地震から二〇〇九年末までの三十一年間で、小規模なものまで含めると計四十六回の群発地震が起きてきた。伊東沖海底噴火は、このうちの第二十回に伴ったものであった。海底噴火の後、三年半ほどの間は群発地震が低調であったが、その後も第二十四回(一九九三年五〜六月)、第三十回(一九九五年九〜十月)、第三十四回(一九九七年三月)、第三十七回(一九九八年四〜五月)などの規模の大きな群発地震がたびたび起きた。その後再び静寂が訪れたように見えたが、二〇〇二年五月以降に再び起き始め、第四十四回(二〇〇六年四〜五月)は本格的なものであった。その後再び静かになったが、ほぼ三年ぶりに第四十六回(二〇〇九年十二月〜翌年一月)が発生した。このように伊豆東方沖群発地震の規模や間隔はかなり不規則であり、次の発生時期や大きさを予測することは難しかった。

しかし、こうした群発地震を地道に観測し続けてきた結果、今では事前に予測可能となった項目もある。その際に重要となる観測データは、地下の岩石に加わる歪《ひず》みの変化である。「歪み」は物体の変形の度合いを示す数値であり、加わった力の大きさを反映している。岩石の歪みを測定する「歪み計」という機械が東伊豆町熱川付近の地下に埋められており、その数値が気象庁によって常時監視されている。これまで何度か述べてきたように、伊豆東方沖群発地震はマグマが地下に押し入ることによって生じている。その際には周囲の地殻に力が加わるため、群発地震にともなう歪みの変化が実際に観測されてきた。

さらに細かく見ると、歪みの変化は、群発地震の開始に数時間〜十数時間ほど先だって始まることがわかった。これは、マグマの侵入開始に伴って歪みが変化し始めるが、まだ岩石の破壊には至らず、しばらく時間をおいた後に、ついに岩石が割れ始めて群発地震が発生するためである。この性質を利用して、歪みの変化から伊豆東方沖群発地震の開始を直前に予知できるようになってきた。実は二〇〇九年十二月十七日夕刻から始まった群発地震も、その開始は十六日深夜の時点ですでに予知されていたのである。

番号	開始日	継続日数	有感地震回数	最大地震のマグニチュード	最大震度
1	1978年11月23日	73	26	5.5	4
4	1980年6月23日	101	235	6.7	5
8	1983年1月14日	23	47	4.6	3
9	1984年8月30日	43	95	4.7	3
11	1985年10月13日	31	12	4.1	3
13	1986年10月10日	23	16	4.8	3
14	1987年5月6日	33	90	5.1	3
15	1988年2月14日	18	8	4.7	3
18	1988年7月26日	52	289	5.2	4
20	1989年6月30日	69	494	5.5	4
23	1993年1月10日	9	38	4.2	3
24	1993年5月26日	21	174	4.8	4
30	1995年9月29日	30	153	5.0	4
32	1996年10月15日	27	43	4.3	4
34	1997年3月3日	24	449	5.9	5弱
37	1998年4月20日	44	211	5.9	4
44	2006年4月17日	26	49	5.8	5弱
46	2009年12月17日	27	257	5.1	5弱

1978年11月以降に起きた主な伊豆東方沖群発地震。最大震度が3以上のものを示した。気象庁のデータにもとづく

128・群発地震を予測する（下）　規模と終了の予測

地下の岩石に加わる歪みの観測データは、伊豆東方沖群発地震の開始を事前に予測するだけでなく、規模や継続日数の予測、さらには噴火可能性の検討にも使えることが最近わかってきた。この場合に注目するのは、歪みの変化量である。この数値は、地下の浅い部分に侵入したマグマの量を反映すると考えられている。マグマがたくさん侵入するほど、周囲の岩石に大きな力がかかり、歪みが増大する。その結果として、歪みによって誘発される地震の数も増え、継続日数も長くなり、マグマそのものが地表に達する可能性も増してくるとみられる。

実際に、一九八九年の海底噴火を起こした群発地震（第二十回）にともなった歪みの総変化量は、二〇〇九年十二月～翌年一月の群発地震（第四十六回）の際の四倍という大きなものであった。こうした大きな歪み変化を示した群発地震は、第二十回の他に第十八回（一九八八年七～九月）、第三十回（一九九五年九～十月）、第三十七回（一九九八年四～六月）がある。これら四回の継続日数は三十～六十九日と長く、地震回数（伊東市鎌田《かまだ》）に設置された地震計の無感地震を含む回数）も九千～二万五千回と膨大な数に及んだ。これに対し、二〇〇九年十二月～翌年一月の群発地震の継続日数は二十七日、地震回数は六千五百二十五回であり、明らかに小規模であった。

ただし、ここで注意すべきは、歪みの総変化量が確定するのは群発地震がほぼ収まった後という点である。それでは予測が遅すぎて役に立たない。そのため精度は落ちるが、群発地震中の歪み変化の割合（マグマが侵入する勢い）が最大となった時点で、その値にもとづいて予測する方法がとられる。この方法ならば、群発地震の開始から数日以内に、規模や終了時期の見通しが大まかに得られる。二〇〇九年十二月～翌年一月の群発地震にともなう歪み変化を見ると、開始から三日後の十二月二十日時点で、歪みの変化割合にもとづく予測が可能となった。予測結果は、継続日数が十数日、地震回数が二千六百回程度であったが、実際には上記の通り二十七日、六千五百二十五回となった。どちらも予測値と外れて大きいが、二〇〇九年十二月～翌年一月の場合は全体的に震源が浅かったことが影響したようである。いずれにしろ群発地震の規模や期間についての一応の目安が、早い時点で可能になった点を評価すべきである。

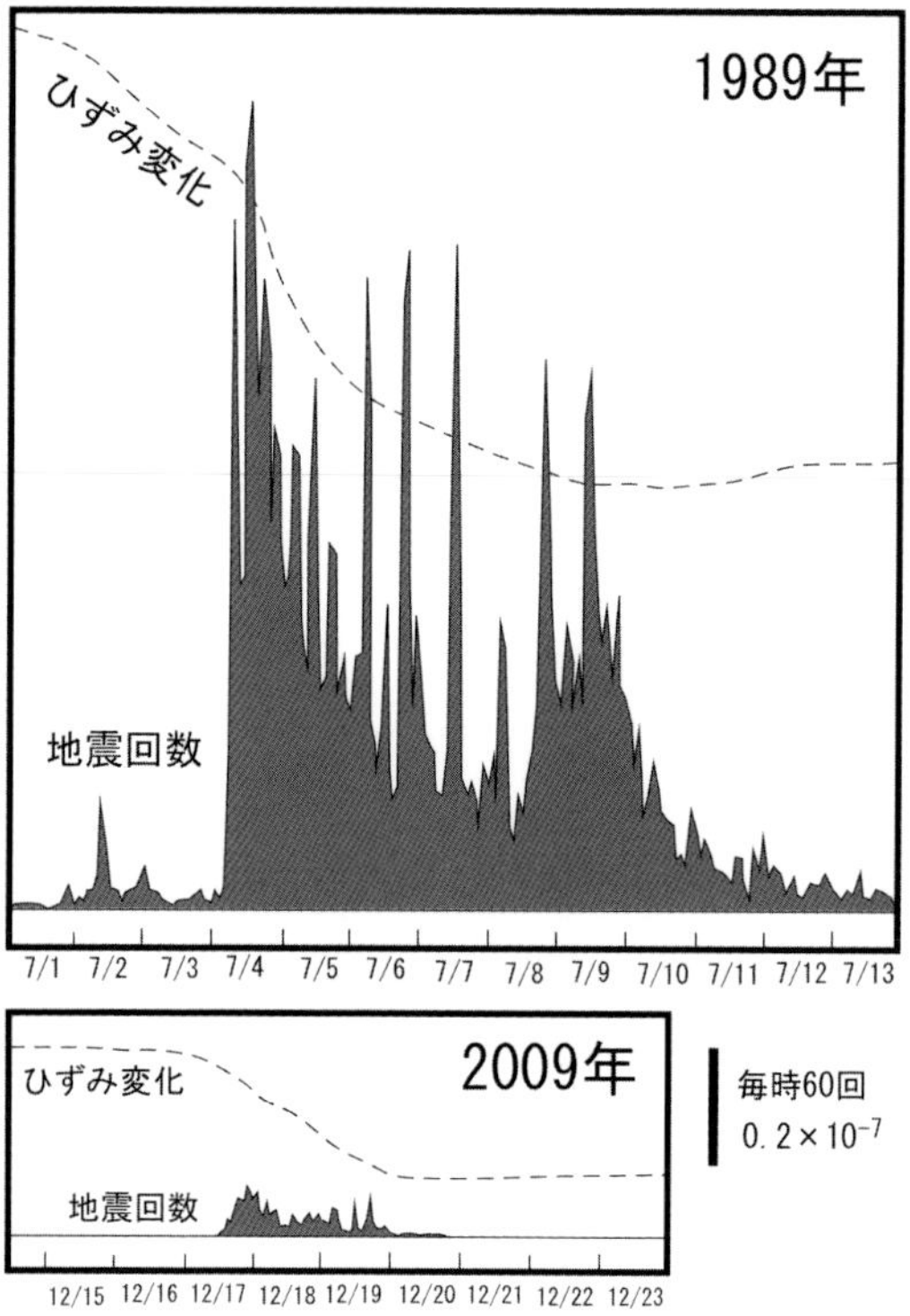

伊東沖海底噴火が起きた1989年の群発地震（上）と2009年の群発地震（下）の地震回数（毎時）と歪みの変化を同じスケールで比較した。横軸の数字は日付。気象庁の資料にもとづく

129・ハザードマップと避難計画(上)　導入直前の噴火警報

前節で述べたように、大きな歪み変化をともなった伊豆東方沖群発地震が過去に四回あり、そのうちの一回（一九八九年六〜九月）で海底噴火が起きた。計四十六回の群発地震のうちで噴火にまで至ったものは、この一例だけである。この時の総地震回数（無感も含む）は二万五千回近く、有感地震回数も四百九十四回となり、いずれも過去最多であった。つまり、歪み変化の大きさと地震回数に注目していれば、噴火可能性の大小を評価できそうである。

この考えにもとづき、気象庁は数年前から、伊豆東部火山群の噴火に関する予測情報の出し方を検討中である。具体的には、歪み変化と地震回数を注意深く見守り、そのどちらかが異常に大きくなった時点で何らかの予報を発表し、さらに事態が進展した場合や、火山性微動などのマグマの危険な動きが観測された場合には、警報に格上げすることを検討している。

しかし、この予報・警報システムの成立をはばんでいる要因がある。それは伊豆東部火山群のハザードマップの不在である。ハザードマップとは、住民に危険が及ぶ可能性のある範囲を予測した防災地図のことであり、すでに日本の主要な火山地域で作成・公表されている。ハザードマップがあれば、行政はそれにもとづいた住民の避難計画を事前に作成できるだけでなく、学校や病院などの要援護者施設を建設・移設する際に役立てることもできる。住民自身にとっても自宅や職場の危険性を事前に把握することができ、避難経路を考える材料にもなる。つまり、ハザードマップはあらゆる防災対策の基盤となる地図なのである。

富士山の噴火警戒レベルと主な防災対応

予報警報の略称	レベル	範囲＼対象者	観光客 登山者	一般 住民	災害時 要援護者
噴火警報	5	第1次ゾーンに基づく範囲	避難	避難	避難
		第2次ゾーンに基づく範囲	避難	避難	避難
		第3次ゾーンに基づく範囲	活動自粛等	避難準備	避難
	4	第1次ゾーンに基づく範囲	避難	避難	避難
		第2次ゾーンに基づく範囲	活動自粛等	避難準備	避難
		第3次ゾーンに基づく範囲	活動自粛等	—	避難
火口周辺警報	3	第1次ゾーンに基づく範囲	活動自粛等	—	
	2	限定的な危険地域の立入規制等			
噴火予報	1	特になし			

ハザードマップと噴火警報にもとづく避難計画の例。すでに富士山周辺の自治体に適用されている。ハザードマップ上の危険度によって行政区画が第１次〜第３次ゾーンに色分けされており、そこにいる住民・観光客の立場ごとに対応が定められている。神奈川県の資料より

ハザードマップとそれにもとづく避難計画が完備していれば、地元行政は危険区域に住む人々に対して避難の勧告や指示を適切に出すことができ、またそうした行政からの連絡がなくても、危険を感じた住民が自主的に安全な場所に避難することも可能となる。逆に、ハザードマップ不在のまま伊豆東部火山群に噴火警報が出された場合、行政や住民はどこが危険かわからないため、右往左往することになってしまう。つまり、予報・警報システムの導入にあたっては、ハザードマップと避難計画の整備が必須なのである。

130・ハザードマップと避難計画(下)　避難地図のない観光地

いま導入が検討されている伊豆東部火山群に対する噴火予報・警報システムを有効に機能させるためには、ハザードマップとそれにもとづく避難計画の作成が必須であると前節で述べた。ハザードマップは、日本にある百八の活火山のうちの主要な三十余りに対して、すでに作成・配布されている。浅間山や伊豆大島などの頻繁に噴火する火山はもちろんのこと、富士山や箱根山などの長期間にわたって噴火の徴候がない火山でも、万一の事態を重視する考えにもとづいて次々と公表されてきた。ところが、一九八九年の海底噴火を経験したにもかかわらず、伊豆東部火山群のハザードマップは未作成のままである。ここ二十年ほどの間に噴火した（あるいは噴火未遂事件を起こした）ほとんどの火山において、その後もれなくハザードマップが作成されてきたが、唯一の例外が伊豆東部火山群となってしまっている。

このことを招いた原因のひとつが、地元行政や観光業者の消極的意識だと私は見ている。こうした防災情報の公開が観光地のイメージを傷つけると思うのだろう。その心情は理解できるが、短絡的すぎる。旅館の防火対策にたとえるなら、しっかりした観測データにもとづく噴火予報・警報システムは信頼性の高い火災報知器、ハザードマップは非常口への避難誘導地図に相当する。どちらが欠けても宿泊客を危険にさらすことになる。

仮にハザードマップの公開が観光地のイメージを多少傷つけたとしても、大衆は何事に対しても忘れるのが早いし、本当に魅力的な観光地であれば、そんなことにおかまいなく客は集まるのではないだろうか？　ハザードマップを作成した火山観光地の中には、当初そうした情報公開に消極的だった自治体もある。しかし、実際にハザードマップが原因で観光客が減ったという話は聞いたことがない。こうした防災情報の公開が観光にマイナスだと思うのは、おそらく根拠のない幻想であろう。旅館の部屋の扉に避難誘導地図が貼ってあるからと言って、不安を感じる客がいるだろうか？　現実はむしろ逆であり、避難地図や防火システムが完備した旅館が、観光客の信頼と支持を得るのではないだろうか。いずれにしても、避難地図のない観光地にお客を泊める、そんな異常な事態を長く続かせてはならない。

これまでハザードマップを作成・公開した日本の火山地域。数字は刊行年

131. 火山を学ぶ

伊豆東部火山群にハザードマップとそれにもとづく避難計画が存在しない現状を、伊東市だけの責任問題と考えてはいけない。274頁で述べたように、伊豆東部火山群のマグマ活動が伊東沖で継続しているのは一九七八年十一月以来のことであり、それ以前の数年間は天城山を中心とした各地で群発地震が起きていた。また、266頁で述べたように、一七三七年の群発地震は北伊豆または中伊豆地域で起きた可能性がある。そもそも伊豆東部火山群は伊東市・伊豆市・伊豆の国市・東伊豆町・河津町の五市町にわたる広い範囲に分布している。つまり、マグマ活動は、今後この五市町のどこに移動して発生してもおかしくない。さらには上の五市町以外の範囲も火山灰や土石流、あるいは噴火にともなう津波の被害を受ける可能性がある。つまり、伊豆東部火山群の防災対策は、伊豆全体がひとつになって考えるべき課題なのである。

そのための第一歩として、まずは伊豆全体の住民が普段から火山の知識を学び、火山を意識した生活を始める必要があるだろう。その際に必要なことは、火山の知識や情報は自分たちの生活や観光にマイナスでないばかりか、使い方によってはプラスに転じられるという認識である。そもそも群発地震が始まると、たいして深刻な状況でもないのに次々にキャンセルが出るのは、観光客の火山に対する知識不足によるものである。知識が無いことが、火山を闇雲に恐れてしまう結果につながるのである。しかし、そうした過剰反応を苦々しく思う前に、まず自分たちがどれほど火山のことを知っているかを考えてほしい。住民自身が得体の知れないと思うものに対し、観光客がさらに大きな不安や恐怖を感じるのは当然のことである。まず住民が率先して火山の知識を学び、それによって自分自身の中にある根拠のない不安や間違ったイメージを取り除くことによって、火山を正しく恐れ、有事に正しく対処する術を身につけることができるのである。そして、そのような意識の高い住民と行政によって対策が完備された安全かつ安心な観光地は、その事実だけでも大きな誘客効果をもたらすであろう。さらには、伊豆の大地をつくった火山は、住民や観光客に大きな恩恵を多数もたらしていることに気づくことが肝要である。そのことを次節以降に説いていこう。

伊東市内で開催された火山に関する公開講座（2009 年 11 月）。筆者が講師をつとめた。こうした機会はたびたび設けられている。写真は伊東市教育委員会提供

伊豆総合高校の生徒に野外で火山を教える筆者（2010 年 6 月）。背景は船原スコリア丘（142 頁）の断面

132・火山の恵み(上) 土地を造成する火山

火山の恵みの中でもっとも重要と言ってもおかしくないのに、意外と見落とされがちなものがある。それは平坦な土地をつくる作用である。たとえば、伊豆東部火山群が存在しなかった場合の地形がどうなっていたかを想像すると、その恵みの偉大さが容易に理解できる。196頁で説明したように、大室山から流れ出た溶岩が周囲にあった地形の凹凸を埋め立てて伊豆高原をつくり、相模湾に流れこんで城ヶ崎海岸をつくった。空から城ヶ崎海岸を見ると、まるでソテツの葉のように溶岩流の先端が枝分かれして海に向かい、陸地の面積を増やしていった様子がわかる。この写真から溶岩流を取り去った後の地形を想像してほしい。城ヶ崎海岸とその背後の平地は消え、海岸線が二キロメートル以上後退してしまう。さらに、伊豆高原も狭く険しい山地に姿を変え、現在のような日当たりの良い別荘地は築けなかったに違いない。

大室山の他にも、小室山や梅木平《うめのきだいら》、門野《かどの》、荻《おぎ》などの多数の火山が次々と溶岩を流し、伊東市南部の地形を平坦にするための大造成工事をおこなってきた。この造成工事がなければ、伊東市は山の急斜面と海岸にはさまれた寒村となり、現在のような発展は望めなかっただろう。伊豆東部火山群が噴火し、せっせと溶岩を流してくれたおかげで、陽光が降りそそぐ広い土地がつくり出され、多くの市民と観光客がつどう場所となったのだ。

こうした火山の作用は、伊豆東部火山群だけにとどまらず、さらに古い時代の火山たちも綿々と営んできたことである。狩野川や大見川の流れる谷や平野が広々としているのは、伊豆東部火山群に加え

相模湾上空から見た伊豆高原と城ヶ崎海岸。写真中央のやや右上に見えるプリン形の丘が大室山。大室山の手前に広がる高原が伊豆高原。写真手前のぎざぎざの海岸が城ヶ崎海岸。左上の山は天城山

て天城山を始めとする陸上大型火山群（82～85頁）が大量の土砂を供給し続けたおかげである。伊豆市と西伊豆町の境界付近の高原では、その平坦な地形を利用して酪農（天城牧場）が営まれているが、この地形は猫越《ねっこ》火山（92頁）の溶岩流がつくったものである。修善寺自然公園や「虹の郷《さと》」やラフォーレ修善寺などのゴルフ場が立地する伊豆市西部の広大な丘陵地は、達磨《だるま》火山の溶岩流によって作られた。伊豆最南端の石廊崎の西にあるユウスゲの花咲く小さな高原も、南崎火山の溶岩流がつくった地形なのだ（94頁）。こうした例は挙げていけば数えきれないほどある。

133．火山の恵み（中）　水源をつくる火山

火山は水の恵みも与えてくれる。伊東温泉街の南にある一碧湖《いっぺきこ》は、およそ十万年前に噴火した火口に水がたまったものであり（126頁）、とっておきの憩いの場を私たちに提供してくれた。その南東に隣接する凹地も、一碧湖と同じ割れ目噴火でできた火口（沼池）である。今は宅地や湿原となっているが、かつては水をたたえた湖であった。

四千年前に大室山から流出して南に向かった溶岩流は、鹿路庭《ろくろば》峠の東側にあった谷間の出口をふさぎ、一碧湖二個分ほどの広さの湖をつくった（196頁）。この湖のなごりが現在の伊東市池の盆地であり、湿地の特性を利用して良質の米が栽培されている。伊東市十足《とおたり》の盆地も大室山の溶岩流がつくった湖の跡である。また、今は宅地に姿を変えたが、伊東市吉田や水無田《みなしだ》の両盆地も、かつては小室山の溶岩流が谷をふさいでつくった湖だった（174頁）。

火山の噴出物には割れ目やすき間が多いので、そこに地下水がたくわえられ、山の中腹やふもとに湧き出すことがある。鉢ヶ窪と馬場平《ばばのたいら》の両火山の噴出物中にたくわえられた地下水は、伊東市の上水道の源となっている（168頁）。天城山の溶岩流（88頁）の割れ目にたくわえられた大量の地下水が湧き出してあちこちの沢を流れるため、そこに多数のワサビ田がつくられている。松崎町石部《いしぶ》の棚田を流れる豊かな水も、上流にある蛇石《じゃいし》火山（94頁）の溶岩中の割れ目から湧き出したものである。

こうした地下水は、海水とともに地中深く染みこみ、伊豆の大地がもつ高い地熱によって温められ、岩石中からさまざまな成分を溶かし込んだ後に、再び地上に湧き出している。伊豆観光の目玉と言うべ

西側上空から見た伊東市の一碧湖。その右上に隣接した凹地は沼池火口。一碧湖の左上方に見える市街地は吉田盆地で、ここもかつて湖だった。吉田盆地の左上に小室山が見える

き温泉である。この高い地熱は、これまで伊豆に幾多の火山を誕生させてきたマグマが地下から運んだものであり、いわば火山活動の「余熱」である。

火山特有の良質な湧水は、たとえば富士山では「バナジウム水」などとして売り出され、フランスのシェヌ・デ・ピュイ火山群に至ってはミネラルウォーター「ヴォルヴィック」として世界中に輸出されている。温泉だけでなく、伊豆の湧水も十分なブランド力を秘めていることを知ってほしい。

134. 火山の恵み(下) 石材・観光資源をつくる火山

火山がつくった石材や鉱産資源は、古くから採掘されて私たちの暮らしに役立てられてきた。たとえば、火山の地下ではマグマや温泉からさまざまな成分が沈殿し、鉱床となる。かつて伊豆のあちこちでさかんに採掘された金、一時は日本の板ガラス原料の大半を占めた西伊豆町宇久須《うぐす》の伊豆珪石《けいせき》(96頁)などが、その代表である。伊東市と伊豆市の境界の柏峠付近などで産する黒曜石も、火山がつくったガラス資源のひとつであり、縄文時代に矢じりやナイフの原料として重宝された(98頁)。

伊豆の火山、とくに多賀火山、宇佐美火山、天城火山、達磨火山などの陸上大型火山(82~85頁)が流した安山岩溶岩は、江戸城を築城する時の石材として大量に切り出され、船で輸送された。こうした採石場(石丁場《いしちょうば》)の跡が、あちこちの山中や海岸に残されている。こうした遺跡の岩石には、加工の跡である矢穴《やあな》や、切り出し責任者であった大名の刻印が残されているものもある。さらに、こうした溶岩だけでなく、伊豆の大部分が海底にあった頃の海底火山がつくった凝灰岩《ぎょうかいがん》も、古くから石材として採掘されてきた。凝灰岩は、火山灰や軽石などが長い時間をかけて固結したものである。伊豆東部火山群が噴出したスコリア(暗色の軽石)も、コンクリートに混ぜる骨材《こつざい》として重宝され、各地で採石されている。

火山は美しい事物もつくり出す。上述の凝灰岩には、海流や波の作用によって美しい紋様が残されているものがある。西伊豆町の堂ヶ島海岸の崖がその一例である(40~43頁)。大室山の美しい形はスコリア丘と呼ばれる火山特有のものであり(190頁)、そこから流れ出た溶岩はポットホールやスコリアラフトなどの珍しい造形をもたらした(200頁)。大室山以外の伊豆東部火山群の溶岩流も、天城山系の沢に流れこんで浄蓮《じょうれん》の滝、万城《ばんじょう》の滝、滑沢《なめざわ》渓谷（以上、伊豆市）、河津七滝《ななだる》（河津町）などの名瀑をつくった。こうした溶岩流の中には、柱状節理や板状節理などの美しく規則正しい冷却割れ目が刻まれているものもある（88、164、172頁）。

1.広くなだらかな土地
溶岩流や火砕流・土石流によって谷や険しい地形、海が埋め立てられ、平らな土地が面積を増す。 例：城ヶ崎海岸、三島・沼津平野
2.風光明媚な山体と高原
山頂付近から裾を引く、火山特有の優美な山体や高原がつくられる。 例：大室山、富士山、伊豆高原、天城高原
3.湖
溶岩流はしばしば川をせき止めて湖を誕生させる。火口そのものが湖になることもある。 例：伊東市池の盆地、一碧湖
4.豊富な地下水
火山の噴出物は割れ目やすき間が豊富なため、大量の地下水が蓄えられ、ふもとで湧出する。 例：伊東市の水道山、三島湧水群、天城山系の沢
5.独特な造形
火山灰は美しい模様をもつことがある。溶岩流は、入り組んだ海岸や柱状節理などの造形をもたらす。 例：堂ヶ島海岸、城ヶ崎海岸
6.肥沃な土壌
火山灰は長い時間をかけて肥沃な土壌へと変化し、森林や田畑に養分を供給する。 例：天城山の森、函南町の高原地帯での畑作
7.鉱産・石材資源
火山の地下では地熱や温泉水によってさまざまな鉱床がつくられる。溶岩、凝灰岩、スコリアは良質の石材として利用される。 例：伊豆全域にある金鉱床や採石場、伊豆珪石
8.地熱と温泉
火山のもつ高い地熱によって暖められた地下水が温泉として湧き出す。電力資源としても利用可能である。 例：伊豆全域の温泉

代表的な火山の恵みの整理

135．伊豆ジオパークの夢

前節まで、伊豆の火山が私たちに与えてくれた大きな恵みの数々について述べてきた。そこからわかることは、伊豆に住む人々や伊豆を訪れる人々にとって、火山は母なる存在だということである。古来より伊豆の人々は、火山の活動によって各地にもたらされた地形、噴出物、湧水、温泉、鉱床、石材などを巧妙に利用し、生活の場や糧としてきた。私たちは、大地とともに生きるすべを自然と身につけてきたのだ。こうした恵みは普段なかなか意識できないが、ほんの少しの知識さえあれば、見慣れた風景の中にいくらでも大地の息づかいを発見することができる。

綿々とした大地の営みの中で、恵みと災害はつねに表裏一体の関係にある。長い目で見れば、伊豆東部火山群の噴火は今後も続いていくだろう。しかし、たいていの火山の一生において噴火期はほんの一瞬に過ぎず、休止期はそれよりはるかに長い。２１８～２２３頁にまとめた噴火史から推計すると、伊豆東部火山群の噴火は、ここ三万年ほどの間、平均三千年に一度しか起きていない。一九八九年の海底噴火は本当に不運な出来事だったのである。だから、伊豆東部火山群をむやみに恐れたり、嫌ったりすることは間違いである。万一の噴火や災害に備えた十分な準備と対策を施しておきさえすれば、伊豆に住む人々や、そこを訪れる観光客は、安心して大地の恵みを今後も享受してゆくことができるだろう。

いまそうした大地の残した資産を活かした新しい観光のあり方が世界的に提案され、実行されつつある。ユネスコが支援を始めたジオパークである。ジオ（Geo）は大地の意味であり、パークは言うまでもなく公園である。二〇〇九年夏ころから川勝平太・静岡県知事が伊豆にジオパークをつくろうと呼びかけ始めたことから、いま急速に注目を浴びつつある。ジオパークの実現のためには、明確なテーマとストーリーが必要であると言われている。その視点から見れば、本書で書きつづってきたことは、まさに伊豆ジオパークの基盤となる大地の歴史（ストーリー）そのものであった。書ききれなかったことも数多くあるが、ジオパークに向けた動きを見守りつつ、ここでいったん筆をおくことにする。今後も機会があれば、伊豆各地にある将来のジオサイト（見学地点）のガイドブック的なことを書いてみたいと思う。本書をここまで読んでくれた方々に、心から感謝したい。

伊豆東部火山群のつくった地形や造形を解説する看板。新しい火山観光の提案でもある。ＮＰＯ法人「まちこん伊東」の方々の尽力によって、2004 年 10 月に大室山のリフト乗り場に設置された

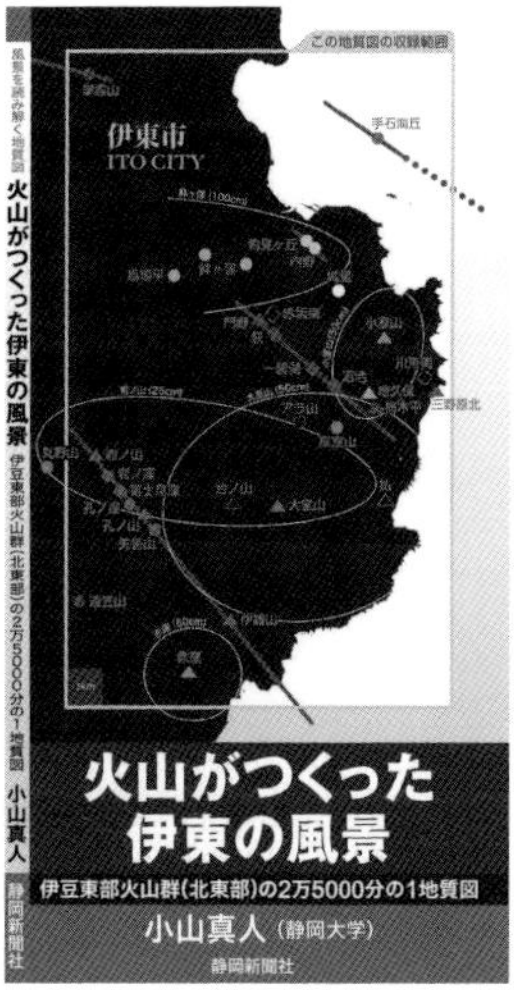

伊豆の火山観光地図「火山がつくった伊東の風景」（伊豆新聞本社発行、静岡新聞社発売）。将来の伊豆ジオパークのガイドマップ第１号をめざして筆者が作成した

著者プロフィール

小山真人（こやま・まさと）

静岡大学名誉教授・同大学防災総合センター客員教授。専門は火山学、地震・火山防災など。1959 年静岡県浜松市生まれ。静岡県立浜松北高校を卒業後、静岡大学理学部、東京大学大学院理学系研究科などに学ぶ。東京大学理学博士（地質学）。

日本火山学会理事、富士山ハザードマップ検討委員会委員などを歴任し、現在は伊豆東部火山群防災協議会委員、富士山火山防災対策協議会委員、美しい伊豆創造センター・ジオパーク委員会顧問などを務める。大学の卒業研究以来、45 年間にわたって伊豆の地質研究に取り組んでいる。主な著書として「火山がつくった伊東の風景」（静岡新聞社）、「富士山噴火とハザードマップ」（古今書院）、「富士山大噴火が迫っている！最新科学が明かす噴火シナリオと災害規模」（技術評論社）、「富士山　大自然への道案内」（岩波新書）、「ドローンで迫る伊豆半島の衝突」（岩波科学ライブラリー）などがある。

伊豆の大地の物語

2010 年 9 月 29 日　初版発行
2024 年 9 月 1 日　初版第 5 刷発行

著　者／小山　真人
発行者／大須賀紳晃
発行所／静岡新聞社
〒422-8033　静岡市駿河区登呂 3-1-1
電話　054-284-1666

印刷・製本　中部印刷